U0206938

福州大学 21 世纪海上丝绸之路核心区建设研究院研究成果

海上丝绸之路与中国海洋强国战略丛书

2015 年主题出版重点出版物

总主编／苏文菁

海上丝绸之路与中国海洋强国战略丛书

海上看中国

苏文菁 著

社会科学文献出版社
SOCIAL SCIENCES ACADEMIC PRESS (CHINA)

"海上丝绸之路与中国海洋强国战略丛书"
编委会

"海上丝绸之路与中国海洋强国战略丛书"总序

中国是欧亚大陆上的重要国家，也是向太平洋开放的海洋大国。长期以来，中国以灿烂的内陆农耕文化对世界文明产生了巨大的影响。近百年来，由于崛起于海洋的欧洲文明对世界秩序的强烈影响，来自黑格尔的"中国没有海洋文明""中国与海不发生关系"的论调在学术界应者甚众。这种来自西方权威的论断加上历史上农耕文化的强大，聚焦"中原"而忽略"沿海"已是中国学术界的常态。在教育体系与学科建设领域，更是形成了一个"中""外"壁垒森严、"中国"在世界之外的封闭体系。十八大提出了包括建设海洋强国在内的中华民族全面复兴的宏伟目标。2013年以来，习总书记提出以建设"一带一路"作为实现该宏伟目标的现阶段任务的重要战略构想。国家战略的转移需要新的理论、新的知识体系与新的话语体系，对于农业文明高度发达的中国而言，建设富有中国气质的、与海洋强国相适应的新知识体系、新话语体系、新理论更是刻不容缓。

从地球的角度看，海洋占据了其表面的约70.8%，而陆地面积占比不到30%，陆域成了被海洋分割、包围的岛屿。从人类发展的角度看，突破海洋对陆域的分割、探索海洋那一边的世界、把生产生活活动延伸至海洋，是人类亘古不变的追求。而人类对海洋的探索主要经历了四个不同的阶段。

第一阶段是远古至公元 8 世纪，滨海族群主要在近海区域活动。受生产力，特别是造船能力的影响，滨海人民只能进行小范围的梯度航行，进行近海的捕捞活动。除了无潮汐与季风的地中海之外，其他滨海区域的人民尚无法进行远程的跨文化交换与贸易。目前的知识体系还不足以让我们准确了解该阶段的发展状况，但我们仍然可以从各学科的发现与研究中大致确定海洋文化较为发达的区域，它们是环中国海区域、环印度洋区域、环北冰洋区域，当然也包括环地中海区域。在这一阶段，滨海区域开始出现与其地理环境相应的航海工具与技术，这是各地滨海族群为即将到来的大规模航海储备力量的阶段。

第二阶段是 8 世纪至 15 世纪，滨海族群逐渐拓展自己的海洋活动空间。随着技术的不断发展，他们由近海走向远洋，串联起数个"海"而进入"洋"。海上交通由断断续续的"点"链接成为区域性、规模化的"路"。环中国海的"点"逐渐向西扩展，与印度洋进行连接；印度洋西部阿拉伯海区域的"点"向地中海及其周边水域渗透。由此，海上丝绸之路"水陆兼程"地与地中海地区连接在一起，形成了跨越中国海、南洋、印度洋、红海、地中海的贸易与交通的海洋通道。从中国的历史看，该阶段的起点就是唐代中叶，其中，市舶司的设立是中国政府开始对海洋贸易实施管理的代表性事件。这一阶段，是中国人与阿拉伯人共同主导亚洲海洋的时代，中国的瓷器、丝绸以及南洋的各种物产是主要的贸易产品。

第三阶段是 15 世纪至 19 世纪中叶，东西方的海洋族群在太平洋上实现了汇合。这是海上丝绸之路由欧亚板块边缘海域向全球绝大部分海域拓展的时代。在这一阶段，欧洲的海洋族群积极开拓新航线，葡萄牙人沿非洲大陆南下，绕过好望角进入印度洋；西班牙人向西跨越大西洋，踏上美洲大陆。葡萄牙人过印度洋，据马六甲城，进入季风地带，融入亚洲海洋的核心区域；西班牙人以美洲的黄金白银为后发优势，从太平洋东岸跨海而来，占据东亚海域重要的交通与贸易"点"——吕宋。"大航海"初期,葡萄牙、西班牙的海商是第一波赶赴亚洲海洋最为繁忙的贸易圈的欧洲人,紧接着是荷兰人、英国人、法国人。环中国海以及东南亚海域成为海洋贸易与交通最重要的地区。但遗憾的是,中国海洋族群的海洋活动正受到内在制度的限制。

第四阶段是 19 世纪下半叶至当代,欧洲的工业革命使得人类不再只能依靠自然的力量航海;人类依靠木质帆船和自然力航海的海洋活动也即将走到尽头;中国的海洋族群逐渐走向没落。"鸦片战争"之后,中国海关系统被英国等控制,世界上以东方物产为主要贸易物品的历史终结了,包括中国在内的广大东方区域沦为欧洲工业品的消费市场。

由上述分析,我们能够充分感受到海上丝绸之路的全球属性。在逾千年的历史过程中,海上丝绸之路唯一不变的就是"变化":航线与滨海区域港口城市在变化;交换的物产在变化;人民及政府对海洋贸易的态度在变化……但是,由海上丝绸之路带来的物产交换与文化交融的大趋势从未改变。因此,对于不同的区域、不同的时间、不同的族群而言,海上丝绸之路的故事是不同的。对于非西方国家而言,对海上丝绸之路进行研究,特别是梳理前工业时代东方文明的影响力,是一种回击欧洲文明优越论的文化策略。从中国的历史发展来看,传统海上丝绸之路是以农耕时代中国物产为中心的世界文化大交流,从其相关历史文化中可汲取支撑我们继续前行的力量。

福州大学"21 世纪海上丝绸之路核心区建设研究院"在多年研究中国海洋文化的基础上,依托中国著名的出版机构——社会科学文献出版社,策划设计了本丛书。本丛书在全球化的视野下,通过挖掘本民族海洋文化基因,探索中国与海上丝绸之路沿线国家历史、经济、文化的关联,建设具有中国气质的海洋文化理论知识体系。丛书第一批于 2015 年获批为"2015 年主题出版重点出版物"。

丛书第一批共十三本，研究从四个方面展开。

第一，以三本专著从人类新文化、新知识的角度，对海洋金融网、海底沉船进行研究，全景式地展现了人类的海洋文化发展。《海洋与人类文明的生产》从全球的角度理解人类从陆域进入海域之后的文明变化。《海洋移民、贸易与金融网络——以侨批业为中心》以2013年入选世界记忆遗产的侨批档案为中心，对中国海洋族群在海洋移民、贸易中形成的国际金融网络进行分析。如果说侨批是由跨海成功的海洋族群编织起来的"货币"与"情感"的网络的话，那么，人类在海洋上"未完成"的航行也同样留下了证物，《沉船、瓷器与海上丝绸之路》为我们整理出一条"水下"的海上丝绸之路。

第二，早在欧洲人还被大西洋阻隔的时代，亚洲的海洋族群就编织起亚洲的"海洋网络"。由中国滨海区域向东海、南海延伸的海洋通道逐步形成。从中国沿海出发，有到琉球、日本、菲律宾、印度尼西亚、中南半岛、新加坡、环苏门答腊岛区域、新西兰等的航线。中国南海由此有了"亚洲地中海"之称，成为海上丝绸之路的核心区域，而我国东南沿海的海洋族群一直是这些海洋交通网络中贸易的主体。本丛书有五本专著从不同的方面讨论了"亚洲地中海"这一世界海洋贸易核心区的不同专题。《东海海域移民与汉文化的传播——以琉球闽人三十六姓为中心》以明清近六百年的"琉球闽人三十六姓"为研究对象，"三十六姓"及其后裔在向琉球人传播中国文化与生产技术的同时，也在逐渐地琉球化，最终完全融入琉球社会，从而实现了与琉球社会的互动与融合。《从龙牙门到新加坡：东西海洋文化交汇点》、《环苏门答腊岛的海洋贸易与华商网络》和《19世纪槟城华商五大姓的崛起与没落》三本著作从不同的时间与空间来讨论印度洋、太平洋交汇海域的移民、文化与贸易。《历史影像中的新西兰华人》（中英文对照）则以图文并茂的方式呈现更加丰厚的内涵，100余幅来自新西兰的新老照片，让我们在不同历史的瞬间串连起新西兰华侨华人长达 175 年的历史。

第三，以三部专著从海洋的角度"审视"中国。《海上看中国》以 12 个专题展现以海洋为视角的"陌生"中国。在人类文明发展的进程中，传统文化、外来文化与民间亚文化一直是必不可少的资源。就中国的海洋文化知识体系建设来说，这三种资源有着不同的意义。中国的传统文化历来就有重中原、轻边疆的特点，只在唐代中叶之后，才对东南沿海区域有了关注。然而，在此期间形成了海洋个性的东南沿海人民，在明朝的海禁政策下陷入茫然、挣扎以至于反抗之中；同时，欧洲人将海洋贸易推进到中国沿海区域，无疑强化了东南沿海区域的海洋个性。明清交替之际，清廷的海禁政策更为严苛；清末，中国东南沿海的人民汇流于 17 世纪以来的全球移民浪潮之中。由此可见，对明清保守的海洋政策的反思以及批判是我们继承传统的现实需求。而《朝贡贸易与仗剑经商：全球经济视角下的明清外贸政策》与《明清海盗（海商）的兴衰：基于全球经济发展的视角》就从两个不同的层面来审视传统中华主流文化中保守的海洋政策与民间海商阶层对此的应对，从中可以看出，当时国家海洋政策的失误及其造成的严重后果；此外，在对中西海商（海盗）进行对比的同时，为中国海商翻案，指出对待海商（海盗）的态度或许是中国走向衰落而西方超越的原因。

第四，主要是战略与对策研究。我们知道，今天的国际法源于欧洲人对海洋的经略，那么，这种国际法就有了学理上的缺陷：其仅仅是解决欧洲人纷争的法规，只是欧洲区域的经验，并不具备国际化与全球化的资质。东方国家有权力在 21 世纪努力建设国际法新命题，而中国主权货币的区域化同理。《国际法新命题：基于 21 世纪海上丝绸之路建设的背景》与《人民币区域化法律问题研究——基于海上丝绸之路建设的背景》就对此展开了研究。

从全球的视野看，海上丝绸之路是人类在突破海洋的限制后，以海洋为通道进行物产的交流、思想的碰撞、文化的融合进而产生新的文明的重要平台。我们相信，围绕海上丝绸之路，世界不同文化背景的学者都有言说的兴趣。而对中国而言，传统海上丝绸之路是以农耕时代中国物产为中心的世界文化大交流，源于汉唐乃至先秦时期，繁荣于唐宋元时期，衰落于明清时期，并终结于1840年。今天，"21世纪海上丝绸之路"建设是重返世界舞台中心的中国寻找话语权的努力，在相同的文化语境之中，不同的学科与专业都有融入海洋话语时代的责任。欢迎不同领域与学科的专家继续关注我们的讨论、加入我们的航船：齐心协力、各抒其才。海洋足够辽阔，容得下多元的话语。

苏文菁

2016 年 12 月

内容提要

　　党的十八大确立了"建设海洋强国"之国策，中国进入了海陆统筹发展的新纪元。如何从"内陆文化中心论"和"欧洲文化优越论"的观念牢笼中解放自己？如何获得多样化的知识与全球性的视野？让我们换一个角度、从海洋的视角来看看！本书选择了十二个司空见惯的对象，从"大历史"到"微物品"，看看这"十二张"面孔是否"变形"；在变形之中，我们是否能够得到一种新的视角。

　　从长时间段、全景式地观察海洋与中国的关系，千百年来，中国有三次向海洋发展的历程，中国海神的女性身份原来与海洋族群中女人的生存方式息息相关。从全球文化视野看，中国海洋族群经略海洋的历史非常悠久，他们携文化在东南亚区域形成多处"文化飞地"，造就了多元文化融合的"土生华人"；同时，中国产品丝绸、茶、瓷器成为贸易的主要产品；中国的文化与造船、航海技术更是影响了全球海洋活动的大发展。当然，开放的海洋也给中国文化带来了世界多元文化的因素，中古时期阿拉伯人的音乐涵化成中国的"南音"，土楼能够发展为建筑精品源于通过海洋贸易传来的烟草。

　　"海上丝绸之路"的提出以及所表达的文化"实质"是什么？中国数千年的航海史为何只有"郑和"被记忆？真正的中国海洋英

雄是谁？回答这些问题，我们需要思维的"三级跳"：跳出欧洲文化优越论的圈子、跳出中国农耕文化一元论的桎梏、跳出学科规划的小圈子，发掘本土的海洋文化资源，展现中国海洋族群悠久的历史和中国海洋文明厚重的积淀，建立具有中国气质的话语体系。

目　录

第 一 章

中国历史上的三次"向海"

一　唐代："海上丝绸之路"勃兴

从太空俯瞰地球，在深邃的天幕下，四大洋——70%的水面把地球装点成一颗蓝色的球体，而七大洲——陆地只是浩瀚大洋中的一个个岛屿。

以太空的视野来看，地球上最广阔的空间就是海洋。我们需要用一种宏大的视野来看当今的国际形势，以及未来中国的走向和今天中国的任务。从中华文明与海洋关系的角度看，中国历史上曾经有过三次蓬勃的"向海"过程。唐宋元时期是一次"正向的向海"过程，如果我们将中国社会上下齐心作为一个"正向"的标准的话；那么，明清时期的第二次"向海"则是一个曲折与被动的过程；第三次"向海"则是改革开放以来中华民族所经历的过程。

中国的地形分为三级，由最靠西部的高原到中部高地，逐渐深入海洋，到达沿海平原。回溯历史，这一地形特征与中华民族的三次顽强"向海"有很大的关系。这种西北高东南低的走势，与大江大河的流势一样，也与中华民族的文化走势一样——奔流入海。从唐代开始，约1500年间，中华民族有三次机会走向海洋，特别是太平洋。"太平洋够大，它能够允许有一个大国（美国），也能够接纳崛起的中国。"① 以大西洋为中心，是欧美人的世界观。21 世纪必须要换成以太平洋为中心的世界观。让我们回顾一下中华民族的第一次向海。

第一次"向海"是在唐、宋、元三个朝代。这三个朝代在"向海"的过程中所携带的文化力度和物产不同，给我们留下的遗产也各不相同。先来看看第一个时期——唐代。从海洋的角度来说，这是"海上丝绸之路"勃兴的时代，也是中华文明在黄色系中融入深蓝色系的开端。唐中叶之前，中国的对外贸易和对外交往特别是由官方所主导的部分主要是通过"陆上丝绸之路"来实现的。早在"安史之乱"（755～763年）之前的751年，唐朝与大食阿拔斯王朝爆发了怛罗斯战役。怛罗斯在今天的吉尔吉斯斯坦，是当时唐朝的一处边关。这个战役意味着在唐朝中国的西边崛起的新的帝国——阿拉伯帝国开始挑战中国的"权威"了，意图与唐朝争夺陆地上的贸易控制权。而这一战，唐朝的军队败了。接下来就是"安史之乱"。这两个连续的历史事件促使中国的经济和文化中心开始逐步向东南沿海转移。这是中国"向海"重要的国内契机。在国际上，阿拉伯人在穆罕默德《古兰经》的感召之下很快由分散的游牧族群变成一个帝国。这个帝国不仅迅速在陆域上建立起横跨欧洲、亚洲、非洲的大帝国，而且在海上也开始了它的霸业，它把海洋贸易线路慢慢地推到了中国的东南沿海，从海上拉动了中国"向海"的过程。由于"陆地丝绸之路"的断绝，从先秦时期就存在的"海上丝绸之路"就凸显、勃兴起来了。因为"海上丝绸之路"的兴旺，当时在中国的沿海出现了三大港口。这三大港口从北到南依次是扬州、福州和广州。

唐开元二十一年（733年），朝廷特别任命了"福建经略使"，使得闽地获得了"福建"的新命名。而在漫长的历史上，北方人对

---

① 习近平于 2012 年 2 月 12 日接受了美国《华盛顿邮报》的书面采访，他说："宽广的太平洋两岸有足够空间容纳中美两个大国。"

福建的命名是带有羞辱性的"闽"。此后，就把"闽"用来命名闽地最长的河流——闽江。这也造就了闽江的特殊情况：闽江的每一小段河流都有自己的名字，同时，又有一个总体的名字——闽江。其实，在闽地生存的当地人对身边的河流有着自己独特的命名；统治者再给它一个新的命名、进而将之纳入另一种知识或管理体系之中。至于"福建"二字的由来，一般认为是统治者把闽江最上游的一个州"建州"（今天的建瓯）和闽江下游最重要的一个州——福州各取一字而成。由"闽"而"福建"，使该区域以及人民在唐朝统治者的整盘棋中获得了一个新的定位：这个定位与国家对"海洋"的认识息息相关。由于福建地处东南沿海，在中国"向海"的历史过程中，一旦有了"向海"的信号，福建的独特性就会得到凸显。从唐代第一次"向海"，就可以看到这样的历史过程。

唐代，随着"海上丝绸之路"的勃兴，在官僚体制上出现了一个新的职位——市舶司（使）。唐代设立了市舶使，也就是今天的海关。在唐代中叶之前，中国经济活动的主体都在陆地上，来自海上的经济支持微不足道，是微小的、区域性的。但是，到了唐开元年间，市舶使的设立标志着中国在传统陆域经济之外，有了海洋经济的强力补充。海洋经济来源于两个方面：一方面是外国人来华的贸易，另一方面是中国人对外的贸易；它们是一个互通的过程。可见，从唐朝中后期开始，中国开始了一个强烈的"向海"过程：一方面是因为内陆的情形发生变化，另一方面是因为海上的其他国家，如阿拉伯国家的外在拉力。

二 宋代："开洋裕国"

对于宋代，从内陆文化的视野来看，它是一个风雨飘摇、不值得一提的朝代。在我们的印象中，经常有的是岳飞抗金、内忧外患；就如李清照的婉约词——凄凄惨惨戚戚。但是，从海洋发展的角度来看，则是另一番景象。宋代中央政府提出了"开洋裕国"的政策，这是当代改革开放能从中国传统中找到的一脉相承的国策与口号。"开洋裕国"不仅秉承了唐代市舶使向海开放的传统；更重要的，它是一个价值观重建的过程，也是一个经济中心重建的过程。唐宋以后，闽商作为一个海商群体出现了。近几年，福建在大力推广闽商的文化符号，很多人在问：中国历史上有晋商，有徽商，那么，闽商和晋商、徽商相比，独特性在哪里？闽商的历史有多久，是从什么时候开始的？晋商的历史很悠久，其产生跟明太祖朱元璋要追逐蒙古部队的残余势力从农耕地区进入漠北有很大的关系。朱元璋的部队主要是生活在南方的人，不太熟悉漠北的气候。山西的地理条件是：连接着内蒙古草原与农耕文化，于是，朱元璋与山西的士绅达成了一个约定：山西的士绅帮助朱元璋的部队给养马匹、支持他们走到内蒙古草原；明朝政府给予山西的士绅一个重要的专卖权——盐的专卖；晋商就是在这样的背景下发展起来的。

闽商是海商，他们的经济活动不是在960多万平方公里的陆域里进行的，而是突破陆域、走到海洋上跟其他的族群进行物产交换。闽商与其他商帮不同的地方就在这里。泉州作为"21 世纪海上丝绸之路"建设重要的示范区，早在北宋的 1087 年就设置了市舶司。有不少人认为福州自古以来都是"闽都"，其实并非如此。从宋代到元代，福建的政治经济文化中心并不在今天的福州，而是在今天的泉州；到了明代初年，市舶司才从泉州迁往福州。福州作为"闽都"的地位从明代延续到当代。

宋代"开洋裕国"之时，福建的经济模式在全国就已经有自己的个性了。豪放派诗人苏东坡认为："唯福建一路多以海商为业。"① 当时福建在全国比较性的优势与特色，既不是农业也不是其他的制造业，而是海洋贸易。早在宋代，中国的很多社会制度和社会形态就已经"现代化"了。这跟宋代"开洋裕国"的总体国策有密切的关联。在"开洋裕国"的过程中，福建总体的经济形态多以海洋贸易、海洋经济为主的特色就凸显出来了。

在海洋贸易的过程中，闽商热爱家乡，热爱自己的土地。这是一系列文化教育的结果。"开洋裕国"口号提出之后，需要一种新的意识形态和新的知识体系。在这样的过程中，福建区域性的一个小神——海神妈祖，被中央封为"灵惠夫人"，成为中国海洋文化体系里的海神。中华文明有五千年的历史，但是妈祖在 1123 年才通过获赐"顺济"庙额得到中央的承认，其间存在一个文化上的"断代"。五千年的历史，难道更古远的时候没有海神吗？有的。中学课文中《精卫填海》中的精卫也是海神。只不过后来精卫的职责已经跟海神无关了，已由海神变为了农业神；它所做的是填平海湾、围海造田的工作。在传统的典籍里还有几个海神，如东海龙王、南海龙王，在《西游记》里也有他们的身影。他们也是海神，但他们跟今天所说的作为渔业、盐业、交通业和海洋运输业的重要平台的海洋之神不是一回事。这些海神是我们传统的宇宙观的体

---

① （宋）苏轼：《苏东坡奏议·论高丽进奉状》卷 6。

现。中国传统宇宙观认为——天圆地方，中国在中间，东西南北住着不同于中原人民的野蛮的、未开化的族群：南蛮、东夷、西戎、北狄；他们没有受到中国文化的完全教化，仰慕着中国文化。传统以来"闽"处于南蛮和东夷之间，是一个敬仰中国文化、受到中国文化部分熏陶的族群。在南蛮、东夷、西戎、北狄之外就是"海"。四海龙王是在这样的宇宙观下形成的，跟人们出海打鱼航行的海没有关系。这些海神在中国历史上的职责并不是保佑航海者，而是保佑陆地上的"风调雨顺"。风调雨顺为的是农业的丰收，"四海海神"仍是农业的保护神。在这样的文化体系之中，妈祖就显得格外重要，在中华文明里显得格外有意义。她是海洋族群千百年来自己信奉的神，她实实在在地从文化习俗上、从人们的出海做法甚至造船工艺上，从点滴细微处渗透进中国的海洋文化，促进了中国一系列海洋知识体系的形成。如今妈祖还是中国海洋族群普遍信奉的最高神祇。

根据莆田学院妈祖研究中心提供的资料，全球已经有了1万多座妈祖庙。各处妈祖庙设立时，都需要到福建莆田祖庙来分灵，也就是注册。中国内地只有2500座妈祖庙，更多的妈祖庙分散在世界各地，也包括港澳台地区。这反过来证明了有人的地方就有华人，有华人的地方就有妈祖庙的说法。在世界各地打拼、生根发芽的人大都是中国东南沿海的海洋族群，很大一部分就来自妈祖的故乡——福建。这是妈祖作为"灵惠夫人"在宋代被封的伟大意义。2009年，妈祖信俗作为中国第一个世界文化遗产里信俗类的遗产在联合国登记，这是一个把妈祖文化、中国海洋文化在新时代里重新弘扬、解读的契机。2009年也是中国经济总量第一次超越德国成为世界第三大经济体的时候，得益于中国30多年发展带来的变化。在这30年中，中国的产能70%以上是通过海洋贸易来实现的。妈祖在这样的时代重新从福建区域文化走到主流文化的层面，其意义与宋代一样，为不断"向海"的中国提供了一个重要的本土文化资源。

妈祖是一个区域文化反哺主流文化的例子。中国作为文化如此悠久、疆域如此广阔的国家，每个区域的文化都是中华文化的重要组成部分，都不可或缺，都拥有强大的生命力，在某一个历史阶段都曾是文化的主流。以妈祖为代表的福建海洋文化，在宋代"开洋裕国"时代便反哺了主流文化；当今，在中国建设海洋强国、重建"一带一路"的过程中，福建的海洋文化和福建人携带的海洋文化遗产是中国建设海洋强国不可或缺的本土文化基因。

人类要突破海洋的控制需要一定的生产工具，造船技术的高下有时就决定了一个族群的航海能力以及能走得多远。"福船"——以福建命名的这种船只，构成中国海洋文明的一个华美篇章。宋代"开洋裕国"，官员吕颐浩记录了各地所生产船只的优劣，在他的记载里，"海舟以福建为上"；[①] 广东、广西生产的船是第二等的；温、明的船次之，温，指温州，明就是今天的宁波港，即浙江生产的船是第三等的。从宋代开始，"福船"就成了木质帆船时代的世界典范。李约瑟被喻为 20 世纪伟大的科学技术史专家，他在著作《中华科学文明史》中，在对中国的科技史进行一番总结后认为，中国对世界做出了五大贡献，第五大贡献就是造船，而且是以"福船"为代表的木质帆船。在福建这么大的空间里，"福船"究竟是在什么地方建造的呢？在今天的闽东地区。该地在汉代末年被设为温麻县，更早之前，是"温麻船屯"。"温麻船屯"是三国鼎立时期吴国在福州闽江口以北，连江、罗源、宁德、霞浦、福鼎、苍南海岸线上形成的一个重要的造船基地。在这个基地里生产的船只，支持了三国中人才、资源最缺乏的吴国。吴国能够跟蜀、魏鼎立，成为三足鼎立的一支，靠的便是东南沿海人民的造船技术和航海能力。左思在《吴都赋》中描绘过这样的场景："槁工楫师，选自闽

---

① 吕颐浩：《忠穆集》卷二，"论舟楫之利"，"文渊阁四库全书"第 1131 册，台北：台湾商务印书馆，1983，第 273 页。

禺。"① 这些都是今天我们建设"21世纪海上丝绸之路"、走向海洋不可或缺的本土资源。

从造船技术、妈祖信仰，从福建经济的特色——"唯福建一路多以海商为业"来看，福建文化代表了宋代中国海洋文化最重要的部分，在当时就是中央政府"开洋裕国"一个重要的本土文化资源，反哺了宋代"开洋裕国"的大国策。

① （梁）萧统编《昭明文选》，黄山出版社，2010。

三 元代：打通欧亚贸易通道

元代蒙古人第一次打通了欧亚大陆的两端，东端是中国，西端是西欧，结束了阿拉伯人作为东西方贸易与文化中介的历史，从此"海上丝绸之路"走得更顺畅。泉州在宋代是一个跟亚历山大港齐名的世界大港，到了元代成为世界第一大港。这跟当时的国际形势有很大的关联。除此之外，元代还有一件非常重要的事情；在国内实行了海上漕运。元代之前，海上漕运通道也就是从宁波到天津、从泉州到天津的航路没有打通。元代之前还没有天津。元朝把首都定在了大都——现在的北京。北京位于北方的游牧民族和南方的农耕民族拉锯的地方，它在地理条件上有一定的缺陷。它不在海边、不在河边、不在湖边，这使得它在调度来自南方的物资方面有很大的局限性。但元代在离北京最近的一条河的入海口找到了一个据点，这条河叫海河，这个据点，就是今天的天津。天津就是"天子的渡口"的意思。天津的设立就是为了来自泉州、福州、宁波向北运送的物资能够顺利地到达北京，满足元代大都人的生活。当时无论是船老板、船长，还是船工都是福建人，元朝的统治者为了管理这些负责漕运的人，在海河入口的地方盖起了第一座建筑物——妈祖庙。第一座妈祖庙很快成为经营漕运的闽商表达精神信仰和解决世俗事务纷争的场所，也成为元朝统治者和漕运阶层互相沟通的办公场所。天津就是以妈祖庙为中心，沿着海河向上游发展起来的城市，只有六百余年的历史。"先有妈祖庙后有天津卫"，天津就是这么建立起来的。

如果说唐宋元是整个政府支持的、全国上下同心的"向海"开放的时代的话，在这样的时代，福建人做得很好，有"海上零公里"的泉州，有"福船"，有妈祖信仰，有以海洋贸易为主的经济形态。中国历史上第二次"向海"的过程则十分曲折。明清的主流社会，中原庞大的农耕文化代表者朝廷和中国东南沿海区域性的人民之间的诉求产生了非常大的冲突。明清两代是禁海的时代，虽然在某个历史阶段有局部性的开海，但总体是禁海的，是不支持人民进行海洋贸易的时代。这个时候中国人还"向海"吗？如果只看朝廷官方的正史，会认为中国的海洋史在这一段断掉了；因此，必须从中国东南沿海民间的海洋发展历史中去寻找中华正统文化被遮蔽的章节，这就是下一节标题里"曲折"一词的意义。在那个时期，东南沿海的人民处于非常矛盾的状况：一方面，内陆的政权不允许他们出海，闭关锁国；另一方面，海上却有了一群人，比当年的阿拉伯人更有力地拉动中国人走向海洋，他们就是如今依然掌握着世界话语权的欧洲人。16世纪的欧洲人有了技术力量，开始了地理大发现。地理大发现标志性的英雄人物是哥伦布。哥伦布接过西班牙女王为他写的三封介绍信，其中有一封的收信人，即中国大汗。也就是说，哥伦布并不是去发现美洲的，而是要去寻找旅行家马可·波罗游记里描述的那个东方国度——铺着金板、一条街的蔬菜蛋肉就够里斯本的人民吃一周。

欧洲人所谓的地理大发现有一个非常明确的目标——寻找东方，寻找中国，寻找马可·波罗的航线。阿拉伯人到中国的沿海做生意，踏上了中国的土地，甚至成为福建人很重要的组成部分，从宋代至元代都是这样的。但是后来，阿拉伯人不愿意这样做生意了，他们等着闽商下南洋，跨过马六甲海峡到达印度洋以后，再把船上的货物搬到他们的船上去，然后再过红海运到欧洲。欧洲人不是这样做的，葡萄牙人、荷兰人直接来到中国，免去了中国海上贸易要去马六甲海峡卸货的麻烦。这样，来自海洋的拉力远比唐宋时期的要大。但是，国内的阻力更大。因为禁止私人海洋贸易的海禁就如同"开洋裕国"一样是一系列的国策，从个人的惩戒，到船舶建造的限制，如曾规定船舶只能有两个桅，这样的船只只能在近海航行。更重要的是对人员的种种限制：明朝的子民不允许出海，否则将面临人头落地的境况，甚至整个家族被发配充军；碰到"严打"的时候则是满门抄斩。由于这一系列的海禁政策，东南沿海的海洋族群是拎着脑袋在闯海。遗憾的是，虽然他们创造了中华文明中海洋文化的辉煌片段，但是，这些片段在今天主流文化里不仅依然是失语的状态，甚至是以被污名化的方式存在着。

四　明清：第二次曲折"向海"

在历史上很长一段时间里，中国以铜钱做货币，以至于今天我们仍然有"满身铜臭"这一俗语；但从明代中叶一直到1943年，中国的货币体制是以银为本位制的。中国是贫银国，作为货币的大量储备，包括近代史上割地赔款用的都是白银，银从哪儿来呢？从对外贸易中来。这要从福建漳州月港说起，这是中国海洋文明历史上很重要的一个篇章。当明代政府在禁海时，漳州月港却是唯一的"特区"：允许中国人进行对外贸易的特区。这也使得整个中华文明在这里留了一个海洋文明的"气口"，使得在中华文明五千年的历史篇章里，海洋文明依然薪火相传。从漳州月港出发途经菲律宾的马尼拉，跨过整个太平洋到达美洲，再跨过大西洋到达欧洲，这条航线我们很不"熟悉"。在今天各种版本的"海上丝绸之路"示意图中，我们只看到欧亚大陆东南方的航线，这些是中国第一次"向海"的航线网络，也是基于中古时代，中国人与阿拉伯人共同编织"海洋亚洲"时代的历史事实。但对于重返世界舞台中心的中国而言，在不久的将来，以漳州月港为起点的新航程必将为全面复兴的中国提供了不起的本土文化资源。中国南海过马六甲海峡到印度洋，到非洲、欧洲的航线密密麻麻，这就是今天说的"海上丝绸之路"。这是重返世界舞台中心的中国外交布局和区域性布局的第一步棋；作为世界第二大经济体的中国一定要全球布局，这是它的第二步棋。第二步的全球布局，就是从月港到马尼拉跨过整个太平洋，驶向美洲、跨越大西洋的航线，这是东南沿海海洋族群独特的区域性资源。这些资源必将在建设海洋强国、中华民族全面复兴的过程中不断释放其文化上的影响力。

明代，泉州作为港口已经毁了。海洋贸易的中心基本上转到了九龙江入海口区域、浙江洋面的舟山群岛，以及与闽粤相邻的南澳。地处九龙江入海口的漳州月港不仅仅是一个白银贸易港，而且也是中外商品交换与文化交流的重要港口。明代的海洋活动还有一件重要的事情，就是"闽人三十六姓使琉球"，"使"是一个动词，即出使。明代在成立初年有一个外交程序，就是派出使节告知周围国家，并做好外交关系。在这样的过程中，当时在中国东南洋面上的琉球群岛特别愿意和明代中国建立外交关系。明代的开国皇帝朱元璋认为琉球在远离中华帝国几千里的海外，在烟波浩渺之处，琉球人民既不善于造船又不善于操舟，到中华帝国来很麻烦，便决定让中华帝国最善于造船、操舟的一个族群移民琉球，帮助琉球人民造船，再将中华文化传播过去。谁承担了这个任务？闽人，也就是福建人。在明朝统治者的眼里，闽人"多谙水道，操舟善斗"，[①]是海洋族群的形象。"三十六姓"是一个约数，从现在的史料看来，闽人移居琉球者远不止三十六姓。大量的福建东南沿海造船的船户、开船的技工以及一些知识分子带着明朝的使命移居琉球，并且世代相传，在琉球也就是今天的日本冲绳形成了一个巨大的福州方言区与带有福建特色的中华文明遗存。这些遗存得到了世界的公认，2000年，被联合国列入世界文化遗产名录。

琉球牵涉今天的钓鱼台——钓鱼岛，就在福州闽江的出海口到琉球的途中，它处在福州往返琉球必经的水道上。台湾地区的人称之为"钓鱼台"，大陆称之为"钓鱼岛"。最早中国人是以"台"

---

① 茅元仪：《海防六》，《武备志》卷214。

还是"岛"来命名它的呢？应该是"台"或"屿"。从福建地区的方言命名看，福建地区和台湾地区有很多"台""屿"。古代，航海族群的福建人，并没有很严格的科学观，没有"水中间的陆地叫作岛"的概念，当时的航海者认为行船时水中间能有一块地方让自己的船只靠一靠，能够上岸补充一些给养、补给一些淡水，这种地方就叫作"台""屿"；"岛"则是受正统教育的官吏的新命名。嘉靖年间陈侃出使琉球后所作的《使琉球录》是现今留存下来的最早记述钓鱼台（屿）的记录，明确记载了"钓鱼屿"这一名称。① 从这些命名上就能看出海洋文化或海洋资讯与东南沿海区域的关系。琉球大学图书馆典藏部的一些材料记载着最早的、不迟于1371年的第一批使琉球的闽人后代所保留下来的史料。其中《指南广义》值得一提，"闽人三十六姓"之后代程顺则于康熙四十七年（1708年）撰写《指南广义》，作者在《传授航海针法本末考》中云："康熙癸亥年（1683年），封舟至中山。其主掌罗经舵工，闽之婆心人也，将《航海针法》一本，内画牵星及水势山形各图，传授本国舵工……惟是旧本，相沿日久，或有传讹，应俟有心者参互考订，汇集成书，以涉大川，不无少补。按洪武二十五年（1392年），遣闽人三十六姓至中山。内有善操舟者，其所传针本，缘年代久远，多残缺失次。今仅采其一二，以示不忘本之意。"按此，成书早于1392年的《闽人三十六姓针本》应是目前所知的中国文献中对包括钓鱼岛在内的琉球海域的最早记载。而遗憾的是，这些最早的以汉语记载的关于钓鱼台、琉球方面的典籍，目前还不被中国学术界所广泛掌握。②

闽人三十六姓使琉球是官方的外交活动，虽然也有很多商人借着这样的形式来做一些小贸易，但比起唐宋元时期的对外贸易和对

---

① （明）陈侃：《使琉球录·使事纪略》，载《台湾文献丛刊》第287种，第11页。

② 廖大珂：《关于福建与琉球关系中钓鱼岛的若干问题》，《闽商文化研究》2012年第2期。

外开放，只是小规模的走私，无法对海禁制度形成大的冲击。

明代，郑和为什么要在福建开洋？郑和下西洋的航线是怎么走的？郑和是航海家吗？自从梁启超在 20 世纪初写了《祖国大航海家郑和传》后，后代学者经常被其观念所影响，把郑和跟文明史上堪称航海家的那些人进行对比，如哥伦布、达伽·马等。更有甚者认为下西洋的航线就是郑和开辟的。其实，是中国东南沿海的人民从唐宋元以来第一波"向海"时开辟的航线，成就了郑和下西洋。宋代有一本书叫《诸蕃志》，元代有一本书叫《岛夷志略》，这两本书都记载着从福建的口岸出发进行海洋贸易的航线。《诸蕃志》是时任泉州市舶司提举的赵汝适所著。赵汝适非常忠于职守，每天在收税的时候都问船长与水手来自何处、当地有什么特产、到中国走了几天、海上又如何走等问题，然后加以记录与整理，形成了《诸蕃志》。《岛夷志略》是航海家汪大渊跟随从泉州港口出发的海船历经二次航行，并把其亲身经历的事情记载下来而成的一部典籍。这两本书记载的知识体系，成为郑和下西洋的基础。这个结论可从三次跟随郑和下西洋的随从马欢所著的书《瀛涯胜览》中得知。郑和下西洋的所有官方资料都被毁了，[①]《瀛涯胜览》是亲历者最权威的记载，书中提到"《岛夷志略》所著不诬"，[②] 由此可知郑和下西洋的航线早就有一个标准，他的路线就是《岛夷志略》和《诸蕃志》所载路线。因此，可以肯定的是，郑和下西洋是靠着前一波"向海"的过程中留下的文化遗产完成的。这也是为何第三次"向海"时要回顾前两次"向海"的过程，看看它们留下了什么文化遗产，这些遗产对于今天还有着怎样的意义。

1990～1991 年，联合国教科文组织组织了包括"海上丝绸之

① 据《殊域周咨录》第 8 卷"古里"记载：郑和下西洋的档案《郑和出使水程》原存兵部。明宪宗成化年间，皇上下诏命兵部查三保旧档案，兵部尚书派官员查三天查不到，原来是被车驾郎中刘大夏事先藏匿起来了。又多次查找，均查不到，刘大夏也秘不言藏书处。

② （明）马欢著，冯承均校注：《瀛涯胜览校注》，中华书局，1955，自序第一页。

路"在内的"丝绸之路"考察活动。"海上丝绸之路"考察路线第一站从马可·波罗的家乡——意大利威尼斯开始，一路向东，航行到了中国，停靠了中国的两个港口：广州和泉州。接着继续向北，经台湾海峡，前往韩国与日本，最后在大阪结束。考察共经过了16个国家、21个城市。将联合国的考察路线与郑和下西洋的航线相比较，我们可以说郑和下西洋的航线与联合国重走"海上丝绸之路"的路线有18个城市的重叠，达到了近九成的重叠。当代知识体系中的"海上丝绸之路"与中国唐宋元期间的航海路线也达到了近九成的重叠。

五　清代："闭关自守"、"十三行"与闽商

　　清代的对外海洋贸易最常被提到的就是"广州十三行"。讲起"广州十三行"，我们知道其与中国最典型的海商群体闽商有着很深的关系。"郊"与"行"都是闽商在贸易过程中的组织形式，是中国海商行业组织的雏形，可以是经营同类商品的商人组织，或者是经营某一个区域的商业活动的商人组织。"十三行"是福建闽南区域的商人对行商具体空间的称呼，和具体的商贸集散地有关，并不特指"十三"的数目，只是代表"很多"。至今，漳州九龙江区域依然保留着当年的"十三行"地名；同时，台北大稻埕区域也保留有"十三行"之地名。这些区域都是当年闽商进行海洋贸易的"据点"。"广州十三行"中，组织"十三行"成立和引领行商的主要商人无不是闽人。明代海禁期间有一个特殊的港口漳州月港，清代也有一个特殊的港口广州。福建和广东同为海洋大省，有区别吗？清政府对"广州十三行"的规定是：外国商人能够进来做生意，但中国商人不能出去。《清圣祖实录》记载："凡商船照旧东洋贸易外，其南洋吕宋、噶罗吧等处，不许商船前往贸易。……其外国夹板船照旧准来贸易。"①明政府对漳州月港的规定是中国人可在这里领护照出去做生意，但外国人不能进来。明代隆庆开海法

---

　　① 《清圣祖实录》卷二七一，康熙五十六年正月庚辰条。

令："许其告给文引，于东西诸番贸易，唯日本不许私赴。"[①] 张燮
（1574～1640 年）在《东西洋考》中记载："闽在宋、元俱设市舶
司。……然市舶之设，是主贡夷，及夷商来市者。"[②] 这就是福建的
海洋文化与广东的海洋文化的差异。一个是外向型的海洋文化，一
个是吸纳型的海洋文化。在改革开放第三次"向海"的时候，同样
能看到福建和广东这两个不同的特点，广东作为一个吸纳型的大
省，它对整个中国来说，在人才吸引方面造就了孔雀东南飞的局
面，很多内陆的人才迁徙广东，内陆机构到广东去设置分支机构；
广东"广交会"还像当年的"广州十三行"一样请世界各地的人
到这里来订货。福建的情况却大不相同。在改革开放 30 多年内，
福建人在其他区域经商的达 1100 万人，[③] 这是福建人独特的开放、
流动、外向的海洋文化所造成的，应该也是福建作为"21 世纪海
上丝绸之路"核心区应该具有的先行先试的气质，也引领着、代表
着中国的企业家抱团"走出去"的气势。

---

① 《明神宗实录》卷三一六，万历二十五年十一月庚戌，"中央"研究院历史语言研究
　　所，1962，第 5899 页。
② （明）张燮：《东西洋考》第 8 卷，"税珰考"，中华书局，1981，第 169 页。
③ 苏文菁主编《闽商发展史·异地商会卷》，厦门大学出版社，2016，总序第 2 页。

六　当代：第三次"向海"　闽粤先行

明清时期的曲折"向海"，是中国东南沿海区域海洋族群的选择。我们的祖先以海洋族群的惯性，为中华民族保留了今天依然值得记忆、极具价值的建设海洋强国的本土文化资源。其实这也从另一个层面说明一个问题，就是以福建为中心的中国东南沿海的海洋人民，是真正的海洋族群。在中央政府支持"向海"、实行改革开放的时候，它做得很好；当中国主流意识形态从海上退缩的时候，它还依然"向海"，拎着脑袋"向海"，且客观上造就了该族群在海外的大量迁播。

我们认为，第三次"向海"的过程有两个阶段：第一个阶段是1978～2012年，改革开放在总设计师邓小平的策划之下奋力地推开了中国的南大门，使得海外的资金技术和人脉进入中国，使得中国从与世界"隔绝"许久的民族重回国际大家庭里。在中国共产党的领导下，中国大陆人民以不到一代人的工夫把中国从过去工商业基础极端薄弱的状态一下子提升为世界第二大经济体，每个中国人都应该感到骄傲，我们是这些事件的亲历者，我们是这些成绩的建设者，我们也是改革开放成果的分享者。我们有理由骄傲，也有理由使我们这次"向海"走得更好、更健康。

第三次"向海"的第二个阶段，是中国当下正在经历的阶段。第二个阶段的预热是党的十八大报告，报告提出了"建设海洋强国"的宏伟目标。2013 年 11 月，党的十八届三中全会通过《中共中央关于全面深化改革若干重大问题的决定》，"一带一路"建设成为国家战略。中国东南沿海像 30 多年前一样成为中国新一轮改革开放的试验区。在这样的情形下，福建又有一个新的历史责任承担在肩上："21 世纪海上丝绸之路"建设的核心区。福建人能够为这个民族"先行先试"、为这个民族积累起更多"向海"的文化资源，以此来武装整个民族的"向海"，使中国不仅在物质上跻身世界强国之列；而且在文化上、在民族自信心上、在话语权上，也跻身世界强国之列。但是"向海"的第二个阶段比第一个阶段更加艰难。第二阶段再次"向海"的过程，不仅仅要把海上的国门打开，更要探脚入海；不仅仅要走到近海，更要走到太平洋的深海。这样的过程，其解放思想、勇于创造的精神不亚于 30 多年前提出的改革开放。同样需要一批文化的先驱者，一批富有魄力的、对这个民族富有责任感的各界领袖和精英来实践国家的宏伟战略。它不仅仅是经济转型的过程，也是一个思想、话语和知识权力重新分配的过程。从某种层面上来说，中国有深厚的内陆文明历史，几代人的知识结构都建立在 960 多万平方公里的陆域面积上；我们的知识体系中并没有海洋人文的体系。因此，我们需要在全球化的角度清理、再造新的理论与知识，这一阶段的任务会比前一个阶段更艰巨。

第 二 章

"海上丝绸之路"的"名"与"实"

一 "海上丝绸之路"之名从何而来

关于"海上丝绸之路"之"名"的来源，我们要回到过去的一个年代，那就是 1840 年。1840 年的鸦片战争使得神秘的中华帝国向整个欧洲重新敞开了大门，让国际上掀起了一个重新认识中国的高潮。1860 年，当年的普鲁士帝国组织了一个远东考察团，其中有一个刚刚从柏林大学地质系毕业的学生，他的名字叫作李希霍芬。李希霍芬跟随远东考察团来到中国。一年后，他并没有随着考察团回国，而是转道去了美国。在美国的几年时间里，他看到了新兴的美国向中国投资、"揭开中国神秘面纱"的热潮。1868 年，李希霍芬获得加利福尼亚银行的资助，再次来到中国进行考察。后来，他又获得上海的外国人组成的上海商会的资助。李氏精心设计了七条考察路线，对大清帝国 18 个省份中的 13 个省份进行了四年的考察，他以一个学地质的人的严谨和敏锐，为当年上海的外国人商会以及欧洲人打开了认识中国的一扇门。

外国人认识中国有几个阶段。在元代之前，远在欧亚大陆两端的中国与西欧之间的互通需要一个媒介：居住在中东的那群人。到了元代，豪放的马蹄把欧洲亚洲连成了一个大帝国。在这个时代有一个著名的人物登场了，他就是马可·波罗。马可·波罗晚年为欧洲人留下一本《马可·波罗游记》。从此，在欧洲人的脑海中，对中国形成了充满财富、戴着神秘面纱的东方国家形象。这个形象让欧洲人几个世纪都有一个梦想：到东方去，到中国去，去获得财富和神秘的文化。这也构成了 16 世纪整个欧洲大航海的重要文化背景。

大航海时代，欧洲人进入中国东南沿海海洋族群早已在此谋生的一个领域——东南亚，或者称之为南洋。在这里，欧洲各个东印度的商人、探险家、传教士对中国的文化有了诸多的接触。由于中国迁移至东南亚的多是带有浓厚东南区域"口音"的中国海洋族群，欧洲人对中国东南区域的人文较为熟悉。1840 年之后，欧洲人需要对中国包括内陆有一个较好的了解，李希霍芬的知识体系应运而生。他为当时强烈地想知道那个已经在文化上显现出衰败和停滞，而在历史上仍然很神秘的东方国家的欧洲人提供了新途径。

李希霍芬将一系列在中国考察的资料带回欧洲，整理出版了五卷本的《中国》，由此，欧洲人又建立起了认识中国的新的知识体系。在这个知识体系里，李希霍芬从古代西方与中国的关系中梳理出一个概念："丝绸之路"。从这个角度上看，"丝绸之路"是一个外国人认识中国的视野和知识体系。李希霍芬认为："丝绸之路"是欧洲人需要东方的丝绸而开辟的商贸通道；而且是西方文化影响东方的通道。而在那个时代，中国的知识体系并没有去对应这个知识。李希霍芬是 1872 年离开中国的。他回到德国以后，因为关于中国的这一套知识体系，他一下子站在了欧洲地理学和中国学研究巨匠的位子上。他的知识在当时的欧洲引起了很大的震动，且至今仍有不小的影响力。今天，当我们使用这个来自西方汉学的知识概念的时候，我们的知识界真的需要万分的谨慎与小心了。特别是，经济上强大起来的中国需要建设自己的话语权，而不是始终使用他人的知识体系从而导致自我的"失语"。

在李希霍芬离开中国 15 年后，另外一个汉学家登场了，他的中文名字叫作沙畹（Emanuel Edouard Chavannes，1865～1918 年）。1887 年，当时只有 22 岁的沙畹，以法国驻华使团翻译的身份进入中国。沙畹年轻的时候在巴黎高等师范学校就已经接受了古典汉学的教育，甚至对满语也略懂一二。当时他来到中国，在一些中国学者的帮助下做了一项有意义的工作——翻译中国的《史记》。《史记》的翻译以及一系列发表在欧洲的报道使他在多年以后有了汉学家的身份。1893 年，沙畹得到了法兰西学士院的"汉文和满文语言文学"学士一职。随着 20 世纪法国的汉学研究在整个欧洲甚至世界占据领先地位，以及沙畹所处的这样一个职位，沙畹的知识体系成为整个欧洲甚至西方世界的知识体系。沙畹在 1903 年发表了一篇文章，其中他继承了李希霍芬的观点。李希霍芬主要考察了西方通往中国西北以及中国西部陆地对外交往的交流通道。沙畹认为，古代中国向外交往除了"陆地丝绸之路"之外，还应该有一条海上通道。从学术史上来说，学者普遍认为这是"海上丝绸之路"这个名称即将诞生的重要前期准备。由此，我们可以再一次确定："丝绸之路"是西方人理解世界、理解中国的知识体系与概念。

　　而"海上丝绸之路"之命名者是日本学者。二战后，日本经济迅速崛起，这种变化可以从 20 世纪 50～80 年代日本经济的比较数据中看出来。1950 年日本的国民生产总值只有 109 亿美元，人均国民生产总值仅为 131 美元，分别是当时美国的 3.8% 和 6.8%。到了 1985 年，日本国民生产总值达到 12950 亿美元，人均产值达到 11296 美元，分别达到了美国的 32.4% 和 63.9%。从这组数字中可以看到日本战后 30 多年经济突飞猛进的状况。经济复苏之后，日本必须要完成另外一个任务：就是在文化上重新审视自己。这可以说是东方国家的"宿命"：日本的经济复苏不再是东方传统社会的自然延续，而是欧洲工业革命成果的移植！做得再好也是西方的学生而已。如何摆脱这种"世界二等公民"之感、重新获得民族的自信心？在这样的时代需求之下，"海上丝绸之路"的概念和知识体系，成为日本人审视自我文化、建设文化自信的重要对象。

1966 年，东京大学的教授三上次男发表作品《陶瓷之路与东西文化交流》。他为何将"陶瓷之路"与"东西文化交流"并提？这其中包含着非西方国家当代"宿命"的焦虑。其实，当时不仅日本人对本民族的文化定位感到焦虑，包括中国在内的非西方国家都有这种焦虑。这种焦虑形成的原因与人类不同的文明阶段和形态有很大的关联。

人类的文明史至今已经走过了两个发展历程，通俗地说就是农业文明时代和工业文明时代。

农业文明时代的基本特征是人跟自然高度的契合；换句话说就是人类所有的创造都受大自然条件的制约。在这种情况下，处于欧亚大陆东端的中国、日本、印度等，其土地和气候方面的资源使其植物、动物有多样化的可能。在农耕时代，中国以及亚洲所在的区域可以说是地大物博。而西欧土壤贫瘠，对植物生长有许多限制，再加上在大西洋洋流的影响下，夏季炎热干旱，冬季寒冷多雨，和大自然的运行规律相反，使得西欧在农业文明时代并非人类生存的天堂，这促使西欧人只要技术手段成熟时，就一定要突破大海对陆地的封锁，到海上、其他的陆域去进行殖民掠夺。

因此，欧洲人在 16 世纪技术成熟之后走向海洋，通过海外殖民发展出工业革命并创造出一系列的制度，带领世界进入工业文明时代。

在工业文明时代，人在一定程度上摆脱了大自然的限制，比如气候、土壤。在工业文明时代，谁是工业文明的创造者和话语的制定者？毫无疑问是欧洲人。后来日本从 20 世纪 50 年代到 80 年代的"经济腾飞"，其成果是"移植"了欧洲的技术而获得的，也就是工业化的成果。那么我们都应该反省：当东方的农耕文化衰弱，一定要"移植"西方工业革命的价值观和生活方式时，我们的文化在哪里？我们的价值观与文化是否都要被抛弃？我们今天所碰到的难题和感到焦虑的问题，20 世纪六七十年代日本的知识分子也同样遇

海上看中国

到过。于是，他们就重新回到农业文明时代，回到由亚洲民族来制定世界游戏规则的时代去寻找非西方民族的文化自信心。

三上次男的著作《陶瓷之路与东西文化交流》，通过当代的考古现场，将我们带到了以陶瓷为主要贸易商品的农耕文化时代。那是一个东方人有自信心的时代，因为在那个时代东方人的物产支配了这个世界，东方人的价值是社会的主流。当时的日本、中国等东方国家共同构建了比西方文化优越的农耕文化。三上次男的探索不是个例，1968 年，日本学者三杉隆敏在其著作中直接用"海上丝绸之路"代替了"陶瓷之路"，这本书的名字为《探索海上的丝绸之路》。从目前的资料来看，这是日本学术界第一次正式使用"海上丝绸之路"这一名称。有意思的是，三杉隆敏著作的序正是三上次男先生所作。对于日本学术界与大众传播界，这仅仅是开始。从更长的历史发展过程中寻找作为非西方民族文化的自信，以海洋为通道理解世界文明的交流与相互启发，一直是日本当代学界的着力点。而日本最大的电视台 NHK 也于20 世纪 70 年代开始将学者的学术观念进行影像传播。至今，NHK 完成了五个"丝绸之路"系列，它们分别是1980 年与 CCTV 联合制作的"丝路系列"第一部《丝绸之路》（12 集，从长安到帕米尔）；1983 年"丝路系列"第二部《丝绸之路·通往罗马的道路》（18 集，从帕米尔到罗马）；1988 年"丝路系列"第三部《海上丝绸之路》（12 集，从地中海到长安）；2005 年与 CCTV 合作的"新丝路系列"第一部《新丝绸之路·中国篇》（引子 + 10集，中国境内丝绸之路）；2007 年的"新丝路系列"第二部《新丝绸之路·动荡的大地纪行》（7 集，中国以西丝绸之路）。丝绸之路不仅是组成世界史基干的重要交易路线，而且肩负过连接东西方文明的重大使命。在拍摄过程中，日本传播界与学术界协力，我们前面提到的三杉隆敏教授也是系列节目的顾问与剧本写作者。在约 30 年的时间里，NHK "丝绸之路"摄制不仅完成了踏遍沙漠、草原、海洋的壮举，构建了亚洲第一工业国家新的世界观与知识体系，而且为世界各国提供了理解"丝绸之路"的系统知识。20 世纪 90 年代，联合国教科文组织开展的包括"海上丝绸之路"在内的"丝绸之路"考察活动，无疑就是接受了日本人的知识体系。

　　"海上丝绸之路"这个名称是何时进入中国学术界的呢？20 世纪 80 年代初，随着改革开放的推进，中国学术界非常敏锐地意识到中国的知识体系不能只局限于大陆、局限于本国史，必须具有一种开放性的格局与全球化的视野。1981 年，在厦门大学成立了中外关系史学会。北京大学陈炎教授当选第一任会长，他首次借用外国汉学的观点，也就是"海上丝绸之路"的概念，来称呼中国历史上的"中外关系"。1990 年至 1991 年，联合国教科文组织组织了一次声势浩大的"丝绸之路"考察活动，分为两个部分，陆上的与海上的。此次考察活动中国有两个城市被列入考察站点里，一个是广州，另一个是泉州。特别是泉州，联合国教科文考察组织在当地召开了一个学术研讨会："'海上丝绸之路'泉州国际研讨会"。从 20 世纪 90 年代初开始，这个概念才慢慢地进入中国新闻界，并为大家所了解。对于那个时候的新闻界与学术界来说，借用海外汉学的名称来表达我们想要表达的思想有足够的合理性。因为中国自身知识体系的建构并没有作为迫切性的问题被提出。但是，在中国已经成为世界第二大经济体的今天，中国需要重新为自己的利益布局，学术界也必然面临一个问题：中国的话语体系在哪里？中国在重新崛起的时代该用什么样的价值观和语言体系来和世界对话，来展现重返世界舞台中心的中国的气度和中国的文化特征？这几年，中国提出建设海洋强国和"一带一路"建设，"一带一路"建设除了是经济全球布局、中华民族利益诉求的全球化过程外，也应该是文化体系、知识体系、话语体系重新建构的过程。学术界应共同探讨，中国是否应该有自己的话语体系？为什么在唐代以前中国人在外国的知识体系中是"丝国人"，后来又被称为"瓷器"（china）？这些和"海上丝绸之路"有什么关系？如今已经到了中华民族该去梳理这些文化遗产、用本国的文化遗产来建构话语体系的时代了。

二 "海上丝绸之路"与"陆上丝绸之路"

"海上丝绸之路"与"陆上丝绸之路",这两者之间有区别吗?区别很大。作为非常重要的中外物产和文化交流的通道,它们的物流、载体都是不一样的。就"陆上丝绸之路"而言,我们知道在传统的农业文明时代,人们主要使用的运输方式是人力和兽力。这种物流决定了运送物质的品质,对于人力和兽力来说,越轻的物质越有竞争力。在中华民族的许多贡献里,丝绸是非常轻的物质,它就理所当然地成为主打产品。当然,更重要的是——西域需要丝绸。反过来看看"海上丝绸之路",海洋运输方式和陆地运输方式有非常大的不同。在传统的木质帆船时代,帆船要在大海中抗风航行,一定要有"压舱物";中国古代用的是瓷器。我们经常说"陶瓷",实际上陶是陶,瓷是瓷。在陶这个物品的发明上,很多民族都走在前面,如阿拉伯人。但是,瓷器是中华民族发明创造的,尽管后来欧洲人模仿中国的瓷器生产,还在很多方面做了技术革新。

中国人并没有把瓷器当作特别贵重的东西,因为它只是用从地下挖出来的高岭土,经过高温烧制而成的普通的手工制品。在通过海路与中国有贸易往来的港口甚至是相关海域,都可以看到中国的瓷器,甚至在远离港口的内陆城市,如中亚的城市。可见在那个年代中国的瓷器对世界各国的影响之大。瓷器顺着"海上丝绸之路",走到南洋,跨过马六甲海峡来到印度洋。到了印度洋就分为两路,一路是红海，直接走到北非和南欧，还有一路就用驼队运到了中亚。在这些区域里，都可以看到中国瓷器对他们很深的影响。先看离中国最近的东南亚，由于独特的地理条件，它们的植物非常茂盛，当地的原住民生活非常容易，因为他们可以摘下巨大的树叶，装水或者食物。但这种水、食物的卫生程度大家可以想象。等到大量的中国瓷器进入东南亚，成为当地人日常生活的器皿，可以用来装水、装食物以后，当地人的生活水平了很大的提升，卫生条件大大改善，人均寿命大大提高。这是从欧洲人类学学者的记载中可以看到的事实。

中国的瓷器传到中亚，在当地的影响是怎样的呢？中亚的民族大多以游牧民族为主，在当地人的餐桌上，当瓷器被用来盛放食物的时候，他们赋予瓷器神奇的力量：认为瓷器能够鉴别出食物里是否有毒。这间接地反映出中国人烧制的瓷器和中亚人在当时条件下制作的陶器之间的技术差异。今天还能看到，当时中亚人对来自中国的瓷器是如何地顶礼膜拜，到了何种程度呢？一个瓷器碎成了碎片，当地的人民用纯黄金制作一个托盘，把破碎的瓷片黏在一起继续使用。在北非，原住民把瓷器当作一个家庭、一个族群甚至一个国家财富的象征。一个人拥有多少财富就是以家中有多少来自中国的瓷器为标准。甚至有这样的故事：中非有两个族群发生械斗，一个族群为了和解、避免战争的发生，只要给另一个族群十个中国的瓷器，战争危机就可以解除了。可见，瓷器对中国之外的这些文明区域产生了怎样巨大的影响。

从唐代之后，在世界各文明的称呼里，中国的符号产生了巨大的变化，中国不再像原来一样被称为"丝国"了，而是有了一个新称呼"China"。这也正是有很多学者认为"海上丝绸之路"应该被叫作"陶瓷之路"的原因。正像日本的三上次男在他分析东西文明交流的著作中所写的那样，用"陶瓷之路"来命名。中国对外交流、对外贸易的不同的物产，使得中国在世界不同的文明圈、不同的历史时期有了不同的称呼。唐代以后，随着海洋贸易的勃兴，也就是"海上丝绸之路"的兴旺，大量的瓷器流到世界各地，所以中国有了"China"的称呼。之前在陆地的对外交往中，中国对外交流的物品主要是丝绸，通过中亚人民的中转到达欧洲。现在，可以从典籍中看到古罗马时期欧洲人对远在欧亚大陆东边的中国的记忆。当时，古罗马有个伟大的诗人叫维吉尔，他在《田园诗》里写道："塞勒斯人从他们那里的树叶上采集了非常纤细的羊毛"。因为古罗马人不能相信制作如此精美的织物是从蚕宝宝肚子里出来的，因此按照他们的知识储备来理解，就认为这只能是从树上剪下来的非常纤细的"羊毛"。正是因为丝绸在古罗马有如此高的声誉，生产这种丝绸的国家就有了一个称呼，叫"塞勒斯"（Seres），意即丝的国度。对中国有这样的想象的不仅是古罗马诗人维吉尔，还有同时期的普林尼。普林尼在他的《自然史》中也用自己的想象描摹了所谓塞勒斯人如何灌溉这种珍贵的植物，如何从植物上摘下一种非常纤细的绒毛，最后编织成丝绸的过程。所以在很长一段时间中，欧洲人对中国丝绸和制作丝绸的人们的想象，是十分离奇的。但这是欧洲人认识东方的第一步。

类似的记载不仅存在于古罗马人的记录里，在《圣经》中也同样是这样的知识体系，把远方的中国人称为"丝国的人"，把中国称为"丝国"。所以，在过去的年代里，中国是通过富有特色的物产，即丝绸和瓷器，把自己的文化传播到了世界各地，丝绸和瓷器也成为世界各国认识中国的非常重要的钥匙和符号。

三　"海上丝绸之路"的时间与空间

从中国的文明史来看，"海上丝绸之路"发端于先秦，目前我们所掌握的信息都不足以准确确定"海上丝绸之路"发端于哪一年。我们只能依据人类文明的发展，特别是近年来的考古发现来推测，人类在海洋上的交往应该很早就出现了。"海上丝绸之路"的繁荣期是在唐、宋、元、明朝。我们知道中国政府在唐代设置了"市舶（使）司"，开始对海洋贸易进行管理。此后，市舶司制度一直在发展、变革之中。转型期是清朝，结束于 1840 年。"海上丝绸之路"在第一次鸦片战争以及之后引发的一系列社会变革中被画上了句号。在空间上，中国拥有面向西太平洋的 18000 多公里大陆海岸线以及众多的近海岛屿，长江入海口以南海岸线曲折；特别是台湾海峡西岸的福建海岸线尤为曲折，海岸线曲折率为 1∶7.01，居全国第一位；天然良港颇多，自北向南有沙埕港、三都澳、罗源湾、湄洲湾、厦门港和东山湾六大深水港湾。历史上有不少港口由于地理条件、航海技术以及统治者的意志而改变。周运中在他的文章中提及，五代十国的割据，对于扬州的经济打击严重；加之润州、江宁、江阴、真州、通州、青龙六个港口的兴起，使得扬州港在宋朝的地位开始衰落。①

----

① 周运中：《港口体系变迁与唐宋扬州盛衰》，《中国社会经济史研究》2010 年第 1 期，第 73~78 页。

从时间上来看，"海上丝绸之路"是时间上延续超过三千年的人类不同文明的交换过程。由于时间跨度漫长，在不同的时期，它所表现出来的内容、实质、参与其中的主体和所涉及的口岸都有所不同。在唐代，中国有四大港口：广州、泉州、扬州、明州（宁波）。宋代对外贸易的主要港口有：明州、广州、泉州。元代在泉州、广州和庆元（今宁波）三处港口设立市舶司。泉州是当时世界第一大港。明代对外贸易的主要港口是广州、宁波、泉州和福州。清朝实行闭关锁国政策，只留广州一处对外通商。近年来，很多港口城市都说自己是"海上丝绸之路"的"起点""始发地"。但是，从"海上丝绸之路"真实存在的时间来看，每一个港口城市都不宜给自己定位为"起点"。到今天为止，"海上丝绸之路"哪一年出现还没有定论，因此，很多城市用"起点"这样的概念，去试图打造自己在"海上丝绸之路"上的"重要地位"，其实大可不必。

从海洋贸易的实际状态来看，某个港口是否能成为"海上丝绸之路"上非常重要的口岸由许多复杂的条件决定：诸多海洋贸易的重要港口都在某一江（河）的入海口或者天然港湾，且与该江（河）流域的社会生产状态密切相关；甚至可以说是江（河）流域之"山"与"海"互动的结果。但是，历史上也有诸多海洋贸易港口在地理上并不优越的地区，就如明代的漳州月港，它距九龙江入海口尚有20多公里的水程。它能够在明代成为最大的港口，是海禁的政策与地方民众反抗海禁活动之间形成的妥协。此外，从古代海洋贸易的实际状态来看，也很难确立出一个"始发港"来。由于中国海岸线呈南北走向，且深受季风的影响，在古代航海的船只多以"梯度航行"为主，且夜间多不航行。在这样的航海条件下，很难套用当代的定时、定点的海洋交通方式。如果谈到某一船只的某一次特定的航行，尚可有"始发港"之称；而在描绘某一港口城市在一个长时间段里的定位时，应以"重要口岸"乃至"枢纽港"为妥。由此我们可以看出陆地思维对海洋知识体系的"覆盖"。

从空间上来说，"海上丝绸之路"涉及亚洲、非洲以及欧洲的诸多国家和港口，有很多国家和港口在历史上曾经存在过，但是现在已经不存在了。好在近万年来，甚至近几千年以来，地球上陆地与海洋的关系并没有大的改变，也就是说，海洋航线上的港口位置有很大的连续性。因此，我们认为，以联合国教科文组织 1990 ~ 1991 年组织的"海上丝绸之路"考察活动作为我们讨论"海上丝绸之路"的依据是比较合理的。这次的考察活动包括 16 个国家和 27 个口岸城市。具体包括欧洲段（意大利、希腊、埃及、土耳其、阿曼）、印度洋段（巴基斯坦、印度、斯里兰卡）、东南亚段（马来西亚、印度尼西亚、菲律宾、泰国、文莱）、中国（广州、泉州）、东北亚段（韩国、日本）。它涉及这么多国家，区域这么广，把人类传统的四大文明的区域都涵盖在内了。

从文化空间上定位，"海上丝绸之路"是已知最古老的和延续时间最长的世界海洋贸易、交通通道。它是中国的，更是属于全人类的。但是，我们还应该看到，"海上丝绸之路"是博大的中国文化传播于世界并影响世界文明进程之路。

由于中国物产的多样程，带有中国特色的物产在前工业文明时期成了全球追捧的对象。这些物产携带着中国文化被传到世界各国。西欧人直到 2 世纪才知道丝绸是什么的织物，在那之前，他们认为丝绸来自特殊的树长出的特殊绒毛，因此，中国女性都要用金剪子才能剪出制造丝绸的原材料。他们借此建构出一套知识体系，当他们知道丝绸原料是蚕吐出的丝时，整个西欧的知识体系又向真理迈进了一步。

"海上丝绸之路"主要的货品是瓷器，在很长一段时间内，欧洲人并不相信瓷器是泥土烧造而成的，认为它是某一种宝石。欧洲人为了模仿中国的瓷器在制造技术上进行了多方面的探讨。他们将瓷器制造技术与原有的西方炼金术融合在一起，促成了欧洲工业革命冶金技术的蜕变。如德国梅森公司的前身，就是在对瓷器的狂热追求下产生的。从这个角度，可以说中国的物产传播到世界，促使了世界各国模仿中国的物产和技术，人类共同进步。

"海上丝绸之路"又是全球共享，世界多元文化交流、对话和融合之路。它是全球共享的，16个国家、27个港口，没有特定的起点和终点。通过这条路不是只有中国的物产传到世界各地，世界各国的物产及文化也进入中国。今天，在我们生活中，很多熟悉的物产，比如番薯、烟叶、茉莉花等，都是通过"海上丝绸之路"从异域传入中国的。同样，今天的阿拉伯数字也是通过"海上丝绸之路"由阿拉伯人传入中国的，中国的四大发明在很大程度上也是通过"海上丝绸之路"传到欧洲，这是多元文化交流的航路。

四　东南沿海在"向海"过程中的
　　　"要角"作用

以福建为中心的中国东南沿海所保留下来的区域文化，也是中华民族弥足珍贵的海洋文化，它总是在历史转折的关键时刻为中华文化留下重要的资源，如宋代的妈祖、清代的郑成功。

郑成功在清朝的身份是变换的。清朝初年，拥兵东南、以"反清复明"为号令的"国姓爷"郑成功（朱成功），到了清末却成为朝廷树立的民族英雄。因为清末的中国需要一个在海洋上打败过外国人的英雄，"国姓爷"郑成功被选中了。当今，福建作为"21世纪海上丝绸之路"建设核心区，一定不是GDP有多大体量的问题，而是以福建为中心的东南沿海地区具备一些文化要素，这些要素恰恰是中国作为世界第二大经济体从世界舞台边缘走到中心所需要的本土文化资源。

（一）马来西亚的"新福州"和"小福州"

从陈嘉庚到黄乃裳。2007年，在《亚洲周刊》成立20周年的座谈会上，龙应台女士发现马来西亚的诗巫绝大部分在说福州话，这件事情引起了她的好奇。当她了解到这些讲福州话的人是如何来的以后，非常感慨地说了一句话："我所邂逅初识的新诗巫，竟有这样一段鲜活立体的近代史……这是多么令人感动的历史，多么有震撼力的景象，美利坚合众国的开国史，也不过如此吧?"① 那么，感动龙应台女士的到底是什么事呢，这件事情要讲到福州籍的黄乃裳。

我们知道，毛泽东曾高度赞扬福建厦门籍的华侨陈嘉庚，称其为"华侨旗帜 民族光辉"（该题词是毛泽东在 1945 年抗战胜利后书写，赠给重庆各界召开的"陈嘉庚先生安全庆祝大会"的②）。在中国现代化的过程中，早在民国初年，以陈嘉庚为代表的华人华侨就曾积极参与。我们知道，东南亚是欧洲工业化过程中重要的原料产地，东南亚最早成为欧洲工业化全球分工与布局的一环。在此过程中，身处该地的华人华侨不仅自身获得发展的机会，而且将"现代化"的技术、理念与教育体系引入中国。陈嘉庚为提高中华民族教育事业水平和民族素质倾注了自己全部的精力和财力。1894 年，陈嘉庚在家乡集美村创办了"惕斋学塾"，这是他兴办教育的伊始。1913 年，陈嘉庚创办了集美学村，学村里师范学校、农林学校、商科学校、水产学校、中小学、幼儿园等一应具备。1921 年春，厦门大学正式成立。同为福建华侨的胡文虎，虽然身在异国他乡，但是心系祖国。他考察欧美各国之后，感慨于中国教育的落后，在国内先后捐助过上海大厦大学、广东中山大学、岭南大学、福建学院、厦门大学以及广州仲恺农工学校、上海两江女子体育专门学校、汕头市立第一中学、市立女子中学、私立迥澜中学、海口琼崖中学、厦门大同中学、厦门中学、双十中学、中华中学、群惠中学等院校。同时他在国内还兴办医院，捐助养老院、孤儿院，积极赞助其他类型的慈善机构。

直至 20 世纪 70 年代末中国开启"向海"的改革开放，以闽粤为先行先试区域，将"现代化"的技术、资金引入中国。如果说，

---

① 龙应台：《一个没有墙的华文世界》，新华博客，2007 年 12 月 11 日。
② 转引自陈永阶：《"华侨旗帜 民族光辉"——纪念陈嘉庚先生诞辰一百零五周年》，《暨南学报》（哲学社会科学版）1980 年第 1 期。

第三次"向海"的第一阶段是以"引进"为主的话,那么,第二阶段则是以"走出去"为标志。

黄乃裳在辛亥革命、民主革命期间是孙中山先生非常得力的助手。辛亥革命时期,他在福州是以旗手身份出现的。早期民主革命失败后,黄乃裳一直在思考如何让家乡人民免受腐败暴政之苦。为了能够为自己家乡的老百姓寻找到能够开始理想生活的土地,向今天马来西亚砂拉越的酋长租赁了新诗巫。在黄乃裳看来,该地自然条件优越,有茂密的原始森林,有非常良好的土壤结构;但居民比较少。黄乃裳跟当地酋长签署了租赁这片土地一百年的契约。回来招募福州周边的人移居到该地去,按照自己理想的方式在这样的地方靠自己的双手创造一个没有暴政、没有腐败的社会。就是这样的壮举感动了龙应台女士。

黄乃裳回到福州以后(当时福州是十邑的概念,除了五区八县之外还有古田、屏南),跟同事们一起把他在海外建立理想国的愿景,向当地的手工业者、商人还有一些失地的农民和有志向改变自己生存环境的人作了多次演讲,招募了约1500位志愿者,分三次移民今天的马来西亚新诗巫。

当时新诗巫只有原始森林,地表地貌非常粗糙,一切都要靠福州的新移民去建设。自然环境很艰苦,但是没有清政府的统治,也没有腐败的地方官员,他们可以在这块地方根据自己的理想,用自己的双手,过自己想过的生活。他们把精致农业、套种农业引到了新诗巫,在高地里种植番薯和木薯,在低洼的地方种植水稻,充分利用土地。虽然第一年并没有很大的收成,但到第三年就有很好的收成了。黄乃裳带去的这些移民不仅把当时晚清中国的精致农业带到了马来西亚,而且也把各种比较成熟的种子、农具带到了那里。经过福州籍垦民几代人的艰辛劳作,终于将原来的荒芜之地建设成美好宜居的城市。今天,新诗巫是马来西亚砂拉越州的第二大城市,走到这个地处马来西亚的新诗巫,会听到很多人讲福州方言,不少人愿意把诗巫称作"新福州"。

黄乃裳带领福州移民开发新诗巫的经历为"21世纪海上丝绸之路"的建设提供了非常好的范式，可以把中国的先进技术、资金、组织化的过程移植到世界上有需要的区域，按照中国人的智慧以产业园、试验区的方式实现出来，这是从黄乃裳开发新诗巫的事件中可以得到的启示。

除了"东马"（马来西亚东部的简称）的诗巫"新福州"之外，"西马"（马来西亚西部的简称）尚有一个"小福州"。

相对于"新福州"来说，"西马小福州"实兆远只是马来西亚霹雳州（Perak）的一个小镇，名气也小些。但与"新福州"一样，这里以华人居多，尤其是福州人。早在1903年，363名来自中国福州包括72名妇女及55名小童的垦殖移民在实兆远港口登陆后，便展开了对实兆远的开垦。

当时的英国殖民地政府为开拓荒地发展，与霹雳州统治者达成协议，通过美以美教会，由林称美牧师等从中国福州招募人来实兆远区垦荒拓展。实兆远这个地名又是如何形成的呢？据说，是那363名福州人，抵达实兆远甘榜（Kampung Sitiawan）港口时，彼此都说："实在远，实在远！"后来就演变为"实兆远"这个名称。

他们在实兆远港口登陆后，男人们步行，妇孺们坐牛车到达甘文阁垦场，并被安排居住在亚答长屋内约半年时间，才逐步被分配到目前的甘文阁大街一带的第一区、第二区及第三区，也就是现今的甘文阁至福清洋一带，然后先种稻米、菜类及养猪等开始工作。

实兆远区域主要是一片平原，只有靠海的红土坎镇（Lumut）有少许小山。居民绝大部分以农业为生，橡胶、油棕与芒果是这里的主要产品。养殖业也比较发达，这里生产不少肉鸡与淡水鱼虾，为马来西亚主要生产地之一。实兆远出名的美食有红酒（福州米酒）、面线、光饼、火把（饼干）、卤面、酸辣鱼鳔、福州鱼丸等。有些居民以渔业为生，海鲜便宜且新鲜，因而有很多海鲜楼，以

"福清洋"为主，闻名遐迩。开垦百年之后的2003年，霹雳州政府将实兆远镇最大的街道改为"林称美路"，从官方角度肯定了其领导开垦的功劳，表达了对先贤的敬仰之情。

如果说"新福州"的福州话带有浓浓的福清口音的话，那么，"小福州"的福州话就带有浓浓的古田口音了。

（二）兰芳公司

1777年，《独立宣言》问世，10年以后美利坚合众国诞生。也许是历史的巧合，也许是人类文明发展的必然，在位于中国海南部的世界第三大岛加里曼丹的西部，中国东南沿海海洋族群的移民也曾建立起了一个自主性质的兰芳公司，这个兰芳公司在人类历史上存在了约110年。

清代是中国"海上丝绸之路"发展的历史转折期，从清初时期的"迁海"，到后来只允许广州一个港口进行对外贸易，清代的中前期始终对海洋采取封闭政策。但是中国东南沿海人民的海洋天性并没有因为统治者的自守而被完全扼杀。在这段时间，中国东南沿海区域的人民还继续保持着下南洋的热情，罗芳伯（1738～1795年）就是在清代中期下南洋的。

18世纪以来，由于欧洲的工业革命，锡矿成为工业革命的重要原材料之一，东南亚的锡矿资源得到很大的开发。闽粤（包括现在的台湾省与海南省）人民一直在东南亚有自己的生活传统，罗芳伯比起其他下南洋的人多了一些个人特点：他读过一些书，还练过武术。到了加里曼丹后很快成为当地华人的首领，当地华人在与当地原住民及欧洲殖民者相处的过程中经常产生摩擦，罗芳伯总是很仗义，既维护华人的利益，也维护当地原住民的利益，得到了原住民酋长的赞赏。原住民酋长就把加里曼丹附近的土地划给罗芳伯，由罗芳伯所代表的华人共同管理。

加里曼丹西部储藏有大量的钻石和黄金，罗芳伯以这块土地为据点，把在南洋打工的闽粤人民聚集在一起，围绕周边的采矿业形成了分工非常细致的、上下游产业和生活配套齐全的产业园区，讲闽南话的人把挖出来的钻石黄金卖到全世界，讲客家话的人负责挖矿和采矿，讲福州话的人负责种庄稼，形成了产业和生活所需都非常配套的产业园。

当时，罗芳伯仿照荷兰的东印度公司，把自己的产业园取名为"兰芳公司"，罗芳伯自认为"兰芳公司"和荷兰东印度公司有相似之处，都是自己国家之外的海外产业园。当然也有差异之处，荷兰东印度公司是代表政府，在海外进行殖民、军事行为、经济行为、法律行为的"准政府结构"。正因为此，兰芳公司在成立之初曾努力想和清政府产生关联，屡次申请成为清政府的海外番地，愿意对清政府称臣。但是，今天我们从清朝档案里看到的，是清政府对兰芳公司的请求置之不理。

尽管如此，兰芳公司在约110年的时间里，坚持作为中国人的文化属性，长期聘请大陆落第的秀才到兰芳公司开私塾，传授中国文化，把中国家庭伦理观念、政治组织形式都搬到了兰芳公司。与其时中国的政治组织不同的是，兰芳公司的大总长并没有家族的继承权，他们都是民主选举出来的，谁德高望重，谁愿意为广大的华人谋福祉，谁才能成为大总长。兰芳公司成立15年后，由于南洋地位特殊，欧洲不少专家学者都觉得兰芳公司的存在是个奇迹。1797年，《泰晤士报》在内的大量欧洲媒体组团考察兰芳公司，至今仍可在1797年6月8日的《泰晤士报》头条位置看到当年对兰芳公司的报道："大唐总长罗芳伯的神奇贡献，贵在与婆罗洲苏丹有机联系在一起，协调各族民众推行原始的雅典式的共和体制，经济也有规模发展，国力虽落于西欧诸国，但意义不逊于1787年华盛顿当选为第一总统实现联邦制的美利坚合众国的民主共和国。"①

---

① 转引自罗香林《西婆罗洲罗芳伯等所建共和国考》，香港中国学社出版社，1961，第290页。

由此可见，罗芳伯的追求与黄乃裳一样，他们厌倦清王朝的腐败暴政，希望在自己能够创造幸福的地方创造民主、共和、富强、远离暴政的居住地。兰芳公司的历史代表着中国文化的影响力，也是今天中国建设"21世纪海上丝绸之路"，与沿线国家共享文明、技术的一个范例。

第 三 章

海洋族群的先祖"亮岛人"

一 "亮岛"离我们很近

亮岛在哪里？台湾海峡上有一串由海神妈祖命名的群岛——"妈祖列岛"，群岛上有一个非常小的岛屿，现在被称为"亮岛"，是在全世界考古界备受瞩目的地方。"亮岛"位于马祖列岛的北竿岛和东引岛之间，面积非常小，只有0.35平方公里。"亮岛"这个名字不太为世人所知，因为20世纪50年代之前，它的名字不叫"亮岛"，而叫"衡山"，也叫"浪岛"。20世纪60年代，蒋经国把它改名为"亮岛"，而今天的"马祖列岛"也是蒋经国建议由"妈祖列岛"改名而来的。

为何近年来"亮岛"这么出名呢？为何"亮岛"在全世界的考古界能够这么"亮"呢？因为2011~2012年，考古学家在"亮岛"上先后发现了距今8000多年和7000多年的两具人骨遗存，且从中提取出完整的人类DNA序列。如今"亮岛"不是人类宜居的地方，但是距今约一万年前台湾海峡上的马祖列岛可能是中国东南沿海的海岸线。一万年前的冰河时期，地球气候变暖，海峡的海平面抬升。许多原先在海岸线以上的山丘、台地变成了岛屿，平地与洼地沉入了海底，成为了台湾海峡的海底。

新石器时期东南沿海人类活动留下的一些遗址能给我们什么启示呢？在一般中国人的认知里，中华民族是人类四大文明古国之一，中华文明史是五千年；而如今就在台湾海峡这么靠近大陆海岸线的小岛上，发现了 8000 多年前人类活动的痕迹。这使得中华文明的历史乃至人类的海洋活动史都有了另一种解读的可能。

二 "亮岛人"怎么来的

"亮岛人"能走入我们的视野，有三方起到了关键作用。

第一方是台湾地区连江县原县长杨绥生先生。2011 年，他受邀到"亮岛"参加一个军事活动。因为杨绥生拥有医学和人类学方面的背景，他非常敏锐地发现"亮岛"上有非常有意思的东西，就是我们现在知道的古代海洋族群生活的遗址——贝丘遗址。于是，杨县长把这个消息告诉了第二方，他是使"亮岛"能够成为重要考古遗迹的关键人物，他被马祖列岛的民众称为"亮岛爷爷"，即台湾地区"中研院"史语所的研究员陈仲玉先生。陈仲玉先生早在 10 年前就组织了台湾海峡地区的马祖列岛和金门群岛的考古队伍，在这些岛屿上对人类的海洋活动遗存进行考察。因此，当杨县长把这个消息告诉陈仲玉先生之后，陈仲玉先生马上组织了"亮岛"考古队，对"亮岛"的遗址进行科学考察。

在 0.35 平方公里的"亮岛"上，陈仲玉带领的考古队发现了两处截然不同的人类活动遗址。第一处在"亮岛"的岛前部分，是明清时期海洋族群在这里活动留下的遗址。第二处在"亮岛"岛尾，跨过 8000 多年走到现代人视野里的"亮岛人"，就出现在岛尾的遗址里。在岛尾的遗址里，陈仲玉的考古队在非常薄的底层和非常小的空间里发现了两具不同的人骨遗骸，第一具被称为"亮岛 1号"的人骨遗骸被测定为距今 8300 多年的人类，第二具"亮岛 2

号"是一个距今约 7000 年的人类。

　　陈仲玉先生把这两具遗骸送去做 DNA 提取工作。这项工作中引进了第三方：两位著名的教授和一个机构。一位教授是台湾中国中医药大学的副校长葛应钦教授，另外一位是德国马斯克普朗克研究所的斯通今（Mark Stoneking）教授，这两位教授都是当今世界考古界生物分析研究方面非常著名的教授，特别是斯通今教授所在的德国马斯克普朗克研究所，以发表地球上的人类共同起源于非洲大陆的观点闻名世界。

　　在葛应钦先生的帮助下，陈仲玉先生把两个人骨遗骸送到了德国马斯克普朗克研究所，由斯通今教授主持 DNA 提取工作。斯通今教授很快从少量的人骨遗骸里提取出母系血缘的来源系统；DNA 测定出来以后，对"亮岛 1 号"提取出了"E 单倍群"，对"亮岛 2 号"提取出了"R9 单倍群"，"E 单倍群"和"R9 单倍群"表明这两具 8300 多年前和 7000 多年前的人骨遗骸的血缘和今天的台湾少数民族、东南亚的南岛语族有母系血缘的亲缘关系。

　　这个研究成果被刊登在 2014 年美国人类遗传学杂志 *The American Journal of Human Genetics* 上，许多学者认为这一成果为人类近半个世纪以来考古学的重大发现。①

---

① 2014 年 3 月，斯通今和陈仲玉、邱鸿霖，来自中国科学院古脊椎动物和古人类研究所的付巧妹等 8 位学者联名，在美国人类遗传学杂志 *The American Journal of Human Genetics* 上发表论文《早期南岛人：进入和走出台湾》。

三 "亮岛人"是谁

"亮岛人"生活在 8000 多年前，从其提取出来的 DNA 序列里可以知道，8000 多年前在中国东南海岸线上生活的这一群人跟台湾少数民族以及大洋洲上最大的海洋族群——"南岛语族"是有母系亲缘关系的。

"亮岛人"在学术界上的重要贡献是把一百年来国际学术界非常关注的"南岛语族"在海上迁徙的时间从距今 6000 年往前推了2000 年，甚至更早。"南岛语族"是谁？他们生活在什么样的地方？这要从 2010 年 11 月 19 日福州一个很重要的新闻事件说起——"南岛语族"寻根活动登陆福州。

"南岛语族"寻根之旅源自发起人易利亚儿时的梦想与好奇心。法国人易利亚出生于一个考古世家，本人也是人类学博士。在多位人类学家、考古学家、植物学家的研究基础上，易利亚认为：南岛语族是从欧亚大陆的滨海区域、以福建为中心的中国东南沿海迁徙而去的。为了验证这个假说，易利亚从 20 岁开始着手寻根计划，直到 40 岁那年，终于完成梦想。为了此次航行，他辞掉了工作，把全部的精力都投入到计划中来。2010 年，在中国上海举办的世博会为他提供了外在契机，他们原计划在世博会期间到达上海，借此盛会向世人宣告其"回归"——回到祖先最初的发源地。但是，由于台风的缘故，这次"寻根之旅"最终只完成了登陆于南岛语族的发源地——中国福州的任务。

2010 年 7 月 27 日，由法属波利尼西亚独木舟协会发起的南岛语族"寻根之旅"活动起航。这次寻根之旅，从造船到路途航行，都最大限度地复原南岛语族祖先当年的迁徙过程。活动所使用的船只是一艘无人工动力的木质仿古船，该船以 1820 年法国探险家 Amiral Paris 所记录的原住民的木船图纸为蓝本。"寻根之旅"从大溪地出发，沿途经过库克群岛、纽埃、汤加、斐济、瓦努阿图、圣克鲁斯群岛、所罗门群岛、巴布亚新几内亚、印度尼西亚、菲律宾，历经 4 个月，整个航程达 1.6 万海里，最终登陆于南岛语族的文化核心区域——中国福州，在平潭壳丘头遗址上立碑，并且举行了隆重的"寻根仪式"，引发了世人的广泛关注与热烈讨论。这次"寻根之旅"基本模拟了南岛语族的迁徙路线，在整个航行过程中，完全没有启用现代化的设备，完全是通过看星星、波纹、尝海水等原始的航海术来完成此次航行。

"风小和没风的时候，队员和水手们就必须划起船桨，只有到达港口时，我们才能用船上的小马达。因为船很小，我们出发的时候只能带少量的食物，一路上经停陆地的时候，我们会添购一些食物，主要是水果。"易利亚说，"如果食物不足，队员们就需要在大海里捕捞海鱼，其中最长的一段海程，需要在海上连续航行 3 个星期，所以要用鱼来补充食物。船上没有任何烹饪设施，捕捞上来的鱼，队员们只能生吃"。易利亚说："这也是我们体验的一部分，因为我们的祖先也是依靠这样的手段到达南太平洋群岛的。"①

2010 年的南岛语族"寻根之旅"活动，再现了史前东南沿海人民漂流到太平洋诸岛屿的情景，以实验考古学的方法验证了学术界的观点——"史前福建是南岛语族文明发展中心，也是南岛语族航海术和海洋文化的发源地"。

① 转引自储静伟《寻根团驾独木舟跨洋来参博》，《东方早报》2010 年 6 月 1 日。

南岛语族主要分布于北起台湾海峡两岸，南到新西兰，东到复活节岛，西到马达加斯加的广阔海域内的岛屿上。这个分布范围涵盖太平洋和印度洋两个大洋三分之一以上的区域的族群，人口至今有4亿左右。南岛语族在近一百年来一直是西方学术界非常重要的研究对象，而且已经成为综合性的研究学科。族群的名字叫"南岛语族"，是从语言分类角度来确定的。虽然他们的语言小类分为1000多种，但是核心词汇和基本的语法逻辑是一致的，所以被统称为"南岛语族"。南岛语族目前被公认为世界上最大的海洋族群。

曾经有观点认为南岛语族并不是一开始就起源于这些零星的小岛，它们是从欧亚大陆的东端慢慢的、逐渐迁徙过来的。100多年来，西方的学术界，从考古学、物理学、历史学、人种学，甚至包括分子学等不同的学科角度共同探讨这个族群如何从欧亚大陆的东端逐渐地向东、东南、西南，向广阔大海上的诸多岛屿迁徙的，并将南岛语族离开欧亚大陆的时间确定为6000年前。因此，6000年前南岛语族的历史跟整个欧亚大陆东端中国东南沿海的历史是紧密地联系在一起的。早些年，福建的昙石山遗址、壳丘头遗址、浙江的良渚遗址，这些海岸线上的考古发现基本上与西方的知识体系，也就是南岛语族离开欧亚大陆的时间是6000年前相呼应。

今天"亮岛人"的DNA被提取检验，"亮岛1号"身上的"E单倍群"、"亮岛2号"身上的"R9单倍群"都充分说明"亮岛人"跟广泛分布在台湾岛包括整个南岛语族分布区的人有共同的母系血缘，这使得不仅仅是台湾海峡、中国东南沿海的历史，而且整个人类的海洋迁徙史都面临着被重新考问和定位的过程。这样的过程使我们要将人类在海上耕耘与在陆上耕耘的历史同样重视地看待，因为中国人的知识体系仅仅建立在960多万平方公里的陆域面积上，对于海上的族群，以及我们的祖先、我们的民族怎么耕耘海洋的知识是缺失的。当今的中华民族需要突破海洋对我们的限制。因此"亮岛人"与我们的隔时空对话，具有非常重要的意义。

四 海洋族群的前世今生——疍民

在长江以南的众多江河湖泊以及滨海区域，一直生活着大批水上人家。他们与长期定居陆上的居民不同，他们中有的人家一年里大部分的时间都以船为家、逐鱼而居，偶尔在岸上兼种蔬果；而更多的人家终生以船为家，且世代相传，偶尔上岸只是为了生活必需品的交换与捕捞品的出售。历史上，滨水区域的人民也经常在不同的时期变换陆居者与水居者的身份。从整体的趋势看，随着人类活动面积的增大与环境的变迁，水居者的上岸是大的方向。特别是20世纪以来，自然环境的改变与政府的政策都在促使水居者上岸；作为族群，水居者人数在逐年减少，活动的空间更是逐年萎缩。水居者也将他们的文化带到陆地上，使得中华民族的多样化文明中添加了水文明、鱼文化以及海洋文化，从而使中华文明更具丰富性和具有更强的生命力。

今天，水居者主要生活的区域在闽江流域、珠江流域中下游，以及台湾海峡、海南诸沿海与岛屿。他们在历史上就有了一个被陆居者所"敕"的称呼——疍民。终生漂泊于水上，以船为家，对中国沿海水文、航线、渔汛、造船等了如指掌；以所在地语言为母语，但又有别于当地的陆居族群；有许多依水而生的独特的习俗。他们是中国的海洋族群。

在福建，疍民常常以白水郎、庚定子、卢亭子，或是科题仔的名号出现。白水郎据说是闽之先，宋人王象之《舆地纪胜》（卷128）《福建路》云："白水江，在长溪县，旧记云闽之先，居于海岛者七种，白水即其一也。"① 而北宋乐史编撰的《太平寰宇记》（卷九八）《江南东道（十）》"明川贺县条"云："东海上有野人，名曰庚定子。……自号庚定子，土人谓之白水郎……音讹谓之卢亭子也。"韩振华认为从南宋周去非的《岭外代答》（卷三）"蜑蛮条"，可知白水郎或卢亭子都是"蜑"的一种，也就是说白水郎与蜑民从宋朝开始混合，并且与古代荆湘、巴蜀一代的蛮蜑毫无关系，而蛋是蜑的俗字。② 林蔚文在《福建蜑民名称和分布考》中对福建蜑民的名称做了详细的考证，他认为白水郎和清代闽南厦漳泉等地出现的白水郎、福州等地出现的曲蹄等称呼实质都是指蜑民。③

蜑民的生产习俗有一些史料记载和考古记载。范成大认为："蜑海上水居蛮也，以舟楫为生，采海物为生。"④ 周去非《岭外代答》谓："钦之蜑有三，一为鱼蜑，善举网乘纶；二为蠔蜑，善没水取蠔……"⑤《古今图书集成》卷一千三百八十《琼州府考八》《风俗志》谓："陵水蜑民世居……濒海诸处，男子罕事农业桑，惟麻为网罟，以渔为生，子孙世守其业。"

古代福建的社会生产实践活动和舟楫的使用分不开。在武夷山的崖洞里面，有一些被当地人称为"仙船"的独木舟形状的悬棺。考古人员对其中的白岩崖洞船棺进行研究和碳14年代测定，确定它们的年代为距今3445±150年，大致相当于我国历史上的商代。⑥ 由此推测，早于远古时期居住在福建境内的闽人已经懂得制造和使

① （宋）王象之：《舆地纪胜》卷128，中华书局，1992，第3679页。
② 韩振华：《试释福建水上蛋民（白水郎）的历史来源》，《厦门大学学报》1954年第5期，收入韩振华《华侨史及古民族宗教研究》，（香港）香港大学亚洲研究中心，2003。
③ 林蔚文：《福建蜑民名称和分布考》，《东南文化》1990年第3期。
④ 范成大：《范成大笔记六种》，中华书局，2002，第160页。
⑤ 周去非：《岭外代答》，中华书局，1999，第115页。
⑥ 林钊等：《福建崇安武夷山白岩崖洞幕清理简报》，《文物》1980年第6期。

用船舶了。闽侯和连江等处也发掘出汉代和魏晋南北朝的独木舟。福建省昙石山遗址博物馆原馆长欧潭生认为发掘出的独木舟应为闽人使用的水上交通工具。朱维干教授的《福建史稿》提出，宋代福建的造船业冠于全国。①

蛋民的生产生活工具"蛋家船"正是古代闽人的舟楫生产习俗的遗风。闽江流域的内河船只，一般船长度多为 5 ~ 6 公尺，宽为 2 ~ 3 公尺，首部尖翘，尾部略窄，中间平阔，并以竹篷遮蔽作为船舱。一艘船的功能集工作、生活于一体，打鱼在船头甲板，船舱是家庭卧室和仓库，船尾是排泄场所。所谓"一条破船挂破网，常年累月漂江上，斤斤鱼虾换糠菜，祖孙三代住一舱"；空间狭小，是船民生活的真实写照。生计依赖摆渡和客货运输，或者是内河捕鱼，非常艰苦，家庭结构也是小家庭的形式，年轻人一结婚就移到住另一艘蛋家船上。拥有大船的蛋民，在闽江口附近外海，以捕鱼为生。他们因在海上作业，船只更大，有较多的隔舱。家庭的结构也是大家庭的形式，可以多个兄弟同住一艘船，同时在海上作业时也可以多些人手。

在中国历史上，海洋生计在全面经济生活中一直不是主流，但是，蛋民的生活并没有太大的困难。如果是在支持海洋开放的年代里，他们或许还能为国家的开放政策做出独特的贡献。不幸的是，明清两代主流社会的海禁政策将中国的海洋族群蛋民推到了灾难的境地——他们成为"贱民"。不被允许在陆地定居，剥夺他们作为公民个体的所有，将他们"隔绝"在正常社会生活之外。他们生活条件恶劣，收入低微，游离于海边、岛屿，其子女不被允许去学校接受教育，更不可以去参加科举考试，他们向更高社会阶层流动的可能性被切断了。他们不可以穿绸缎装，仅能着粗布衣。直到清末，他们都被视为"贱民"。清朝雍正年间，政府宣布开赦蛋民，

① 朱维干：《福建史稿》上册，福建人民出版社，1985，第 228 页。

海上看中国

这具有历史的进步意义。民国时期，孙中山以大总统令宣布开放疍户，赋予他们平等的公私权利。但由于政局动荡，收效甚微。

由于疍民以水上作业为生，多信奉海神。他们起航前都要举行祭海仪式，以祈求海上航行的平安和取得收获。他们在海船中设置神龛供奉海神，以方便在海上向神灵祭祀与祈祷，希望随时获得神灵的保佑。福州闽江口的疍民，以信仰水部尚书陈文龙为代表。在福州盖山镇下岐村的许多疍民家族，至今还保留着这一信仰。水部尚书陈文龙，相传为南宋福建莆田人。《宋史·忠义传》中记载：端宗景炎年间，陈文龙率部于兴化抗元，兵败被俘，后殉难于杭州，陈文龙殉难后被葬于杭州西湖之畔，谥忠肃，与同葬此地的岳飞、于谦并称西湖三忠肃，在后世获得了民族英雄的称号。陈文龙从忠义烈士到镇海王、到水神，越来越受到水上信众的尊崇，从五座尚书庙石碑上捐赠者的名字，以及所捐金银钱纸信众的来源可以看出，现在的信众多为水上人家。每两年，尚书船出海的仪式就在福州盖山镇阳岐尚书祖庙举行。疍民由于通水性，成为尚书公出海时候的看水侍从，担任整个出海仪式过程中最重要的"看水"环节中的首要班次。整个仪式过程展现了真实的"出海"过程：先是在里堂大声鸣鼓，一个穿衙门差役服饰的人迅速从里殿的尚书公处跑出来，手里拿着令牌，用福州话大声说："牌来啦!"然后下岐村的身着塔骨的疍民少年们就快速地跑出尚书祖庙，向乌龙江边奔去。庙堂里的锣鼓声不断给其加油鼓劲，渲染整个"看水"的气氛。一般跑到乌龙江边需要十五分钟，之后为尚书公的行船"看潮水"。接下来每隔 15 分钟，上岐村的三批"看水"班次出发。最后，全队出发。两架约三米长的纸船出行，由上岐村的人们抬到乌龙江边，原先是将船放任于江边，现在是烧化尚书船，同时将各地人们所捐赠的金银纸和鞭炮等物投入火中。船上写着合乡平安的字样，带着人们的祈愿入海。

据《后汉书·东夷列传》载："会稽海外有东鳀人，分为二十余国。又有夷洲及澶洲。传言秦始皇遣方士徐福将童男女数千人入海，求蓬莱神仙不得，徐福畏诛不敢还，遂止此洲，世世相承，有数万家。人民时至会稽市。会稽东冶县人有入海行遭风，流移至澶洲者。"① 会稽东冶县就是今天的福州，夷洲就是今天的台湾，澶洲可能是菲律宾群岛的古称。

众多学者如饶宗颐、何格恩、罗香林、林惠祥等从历史学考据出发，对疍民进行考证。饶宗颐在《说疍》一文中对疍族考证具细。他尽力从正史碑刻来对疍民进行考证，且对从清代方志和笔记等第二手资料入手研究的文献进行驳斥，并且认为许多学人只是将文献做"平面的整比"，而并没有"穷究因袭之迹"，就极其容易发生如将《淮南子·说林训》中的"使但吹竽"中的"但"认为是"疍"的误笔。他在文章中着重考察了明清以前的早期文献资料，认为六朝时记载的"疍"为一种对蛮人的称呼，由于其善于使舟，逐渐演变为对舟居蛮人的统称。在唐后期被称为"疍"的南方海上居民，与最早被称为"疍"的巴疍荆疍的迁播是否有关，碍于证据不足，未有定论。傅衣凌认为，越族的后代水居为疍。② 罗香林认为疍民与南洋族群"林邑蛮"同源。③ 林惠祥认为东南地区存在着精于操舟的越族，居海滨，因汉人迁入一部分被迫海居。④

疍家人张寿祺也认为，疍民有种说法是：印度支那半岛和印度尼西亚的某些民族是从海上闯进来的。但是，由于近年来广东等地发现不少新石器时代贝丘遗址，说明在这些滨海地段早有不少人群靠采集和捕捞水生动物为食，如果印度支那半岛和印度尼西亚一带渔民于新石器时代因迷失方向漂流而来，也不过只是一小群。而且这些贝壳文化层应是原始社会时期居住于这些地点的人们长年累月

① 《后汉书》卷85《东夷列传》第七十五，中华书局，1965，第2822页。
② 傅衣凌：《福建畲姓考》，《福建文化》1914年第1期。
③ 罗香林：《疍家》，中山大学《民俗》1929年第76期（疍民专号）。
④ 林惠祥：《中国民族史》第六章，附二，商务印书馆，1936，第139～144页。

海上看中国

采集水中软体动物和鱼类形成的遗址。这也说明了滨海地段原本就存在着与南岛语族同源的"疍民"。今天与南岛语族相关的知识告诉我们:"疍民"与南岛语族不仅同源,而且"疍民"乃依然"依念"着大陆的海洋族群。

韩振华还从音韵学角度对疍民进行了有说服力的考证:作为疍民的一种的白水郎即卢亭子,"卢"字与"裸"字从字源来说是同源的,[①] 裸字有可能转讹为卢字的说法是较为让人信服的。而卢亭子的"亭"字,应是"艇"字的标音,有时被称为定船,是福建沿海一带以营运为生的船只。也就是说,疍民和裸人,也就是经常在东南亚、太平洋上南岛语族民族志上看到的以裸为俗,且有拔牙、断发、文身等习俗的文化外在表现的族群是同源的。[②]

林惠祥考证了东南地区的新石器时代具有重要文化特征的石锛,其被国际考古学界公认为木器加工工具,可以用其来加工制作舟楫之类的交通工具,而其主体为南岛语系民族的祖先。因而闽人与南岛语族具有相承性。[③] 吴春明等认为东南地区史前和上古的"闽"文化与东南亚、大洋洲的南岛语族史前文化是不可分割和统一的文化体系。[④] 近年来的考古发掘成果表明,闽越国不仅在政治上独立,在文化上也不属于汉文化圈,虽然上层贵族已经开始汉化或者是使用了部分汉人器物,但闽越国社会的基层文化仍然是土著的南岛语族文化。苏文菁在《从南岛语族看台湾与福建的关系》一文中,从语言学、遗传学、考古遗传学和文化四个角度综合最新的学术成果,认为很有

① 韩振华:《试释福建水上蛋民(白水郎)的历史来源》,《厦门大学学报》1954 年第 5 期。

② 韩振华:《试释福建水上蛋民(白水郎)的历史来源》,《厦门大学学报》1954 年第 5 期,收入韩振华《华侨史及古民族宗教研究》,香港大学亚洲研究中心,2003。

③ 林惠祥:《中国东南区新石器文化特征之一:有段石锛》,《考古学报》1958 年第 3 期。

④ 吴春明、陈文:《"南岛语族"起源研究中"闽台说"商榷》,《民族研究》2003 年第 4 期。

可能南岛语族和大陆东南沿海的"闽"族具有一脉相承性。① 而相当一部分学者认为经济原因是南岛语族祖先向太平洋扩散的动机之一。如 Peter Bellwood 认为稻作农业导致的人口增长促使原南岛语族祖先向太平洋迁徙。张光直则认为对海外稀奇物品的追求和贸易活动是原南岛语族祖先向太平洋迁徙的重要动机。② 臧振华则认为使得南岛语族扩散的根本原因为东南沿海在新石器时代所发展出来的特殊的海洋适应形态。③

而在生活习俗方面,《异物志》记载:"甘薯似芋,亦有巨魁,剥去皮,肌肉正白的脂肪。南人专食,以当米谷。"说明东南沿海一族多食甘薯和米谷。常见于闽粤沿海地带和东南亚的贝丘遗址中的大量的野生动物遗骸和鱼骨,反映了"百越"和"南岛语族海洋"的海洋渔捞经济属于统一的文化体系。以上这些都是通过社会生产工具和主食来判定闽和南岛语族很有可能本为同源。

① 苏文菁:《从南岛语族看台湾与福建的关系》,《福建省社会主义学院学报》2012 年第 4 期。
② 张光直:《中国东南海岸考古与南岛语族起源问题》,《南方民族考古》1989 年第 1 期。
③ 臧振华:《新石器时代跨台湾海峡之间的互动:南岛语族起源于扩散的影响》,《闽商文化研究》2010 年第 1 期。

五　"亮岛人"想说什么

　　两个古人类遗骸的发现对"亮岛"地区以及台湾海峡，甚至整个东南区域来说都意义重大。

　　福建人都非常熟悉的考古遗址是昙石山。2001 年 8 月 27 日，在昙石山文化遗址被国务院列为第五批国家文物保护单位后，时任福建省省长习近平同志对该遗址特别指出："你们要发掘好，整理好，保护好昙石山文化遗址，这是留给后人的精神和物质财富，让后人不要忘记闽族祖先是如何发明、创造和生活的。"① 昙石山的考古遗址前面有一句话为"福建文明从这里开始"。

　　昙石山遗址是距今 5000 年到 4500 年遗迹的考古现场，位于福州闽侯荆溪镇恒心村闽江畔，是一座高出江面 20 米的长形山冈。这个文化遗址发掘面积达 2000 平方米，几乎是由当时人们丢弃的蛤蜊壳、贝壳、螺壳堆积起来的，有的地方厚 3 米左右。1954 年以来，经过八次考古发掘，出土文物千余件，其中发现深厚的蛤蜊壳层，大量的石器、石锛、石刀、石镰、骨器、陶器、蚌器和陶网坠，以及猪、狗、牛、鹿等兽骨，由此可以推断在 5000 年前的闽江下游及入海口地区，两岸丛林处气候温和湿润，大片的浅海滩涂

---

① 李国庆编《历程·纪念专刊　福建昙石山遗址发现 60 周年》，福建省昙石山遗址博物馆，2014，第 4 页。

上鳞甲水族繁生，先民们在闽江下游两岸临水合群而居，其社会活动以渔猎为主。昙石山文化遗址代表着闽族先民的生活方式主要是滨海生活方式。昙石山遗址被当作新石器时期闽江流域，即福建人非常重要的文明发源地、文明火种的所在地。

如今在距闽江口不远的"亮岛"，却采集到了距今8000多年的遗址。这无疑将中国东南沿海地区的人类活动现场向前大大推进了一步，从距今5000年到距今8000多年，是一个很长的时间段。因此，"亮岛"遗址的重要意义在于：它对于大陆5000年的文明史起了巨大的颠覆作用，它提醒我们，中国人类的文明在中华大地的分布还并没有被完全搞清楚。人们对中华文明的定义、接受的教育体系，将随着人类考古的新发现、人类考古技术的进步进行必要的部分修正。

和"亮岛人"同时期的内陆也有多处的考古发现，但是都还没有检测出比较完整的DNA序列。目前在中国大陆新石器时期的遗址里，对新石器时期的古人类已经检测出DNA序列的是良渚遗址中的马桥人。地处今天浙江的良渚遗址是中国东南沿海重要的新石器时期古人类活动遗址，遗址上的人骨里已经被提取出距今5000年的人类的DNA序列。主持马桥遗址人类DNA测试的复旦大学人类基因研究室的李辉教授认为，良渚人跟"亮岛2号"之间有很深的亲缘关系。这就给了我们一个启示：既然"亮岛人"跟今天的台湾少数民族和散落在大洋上的南岛语族有很深的母系血缘关系，而良渚遗址的马桥人跟"亮岛2号"也同样拥有亲缘关系，那么中国东南沿海的原始人类，即原住民跟台湾少数民族，以及今天散落在广大太平洋、印度洋上的南岛语族之间是否也存在某种关联呢？除了浙江的良渚遗址外，近十几年在福建沿海的海岸线上，类似的新石器时期人类遗址已经发掘了好几处，比如平潭的壳丘头遗址。壳丘头文化遗址于1965年首次在福建平潭县平原乡南垅村壳丘头被发现并发掘，经测定其年代距今为5890~7450年，与福建金门富国墩、台湾大皇坑等新石器时代早期文化遗址同属一个类型。遗址出土的打制石器有砍砸、刮削器；磨制石器有小型梯形石锛，还有穿孔石斧、石刀等；骨器有凿、匕、镞等；陶器则以手制夹砂陶为主，有釜、罐、豆、盘、碗、壶等，以及大量贝壳和兽骨，这些证明其社会经济以渔猎为主。

在以整个台湾海峡西岸为中心的东南沿海海岸线上，新石器时期古人类的生活方式是非常多的，这对中国人原来所形成的知识体系形成了考问。特别是对于福建人来说，很多福建人至今不认为自己是土生土长的福建人，绝大部分认为自己是从中原迁来的。今天的考古学现场表明今天的福建人就是从古代的"闽"这个族群延续下来的海洋族群。

同时，与内陆的距今 5000 年到距今 8000 年这段时期的文明形态相比，内陆地区并没有发现对应时期的人类 DNA 序列，因此，从人类活动现场的鲜活度来看，中国东南沿海人类活动的活力与密集度与同时期的中国内陆相比并不差。这对中国人过去所认知的中华文明——只是从黄河中上游的中心发源、向中国其他区域扩散的传统理论形成了挑战。因此，我们既要看到内陆的文明，它在人类历史上创造了辉煌；也要重视长期以来被忽视的中国东南沿海，也是整个欧亚大陆海岸线上的海洋族群所创造的人类文明。今天我们发现、理解、接受来到现代人视野里的"亮岛人"展示给我们的 DNA 序列，可以认定它不仅是一种人类体质上的遗存，而且具有文明、文化传递的意义。

"亮岛人"来了，隔着 8000 多年的时间，隔着浅浅的一湾水，"亮岛人"想向我们今天的海洋族群后裔说些什么呢？

可以猜想在新石器刚刚开始的时期，"亮岛"是福建海岸线上非常重要的一部分，"亮岛人"的体质应该是什么样的呢？

今天的生物学家告诉我们，"亮岛 1 号"和"亮岛 2 号"的体质特征跟今天的人类相比有非常明显的海洋族群特征，骨骼都特别粗壮，这是营养和各种微量元素非常丰富的饮食条件培育出来的人种的结构，"亮岛 1 号"身高 165cm 左右，"亮岛 2 号"身高 172cm 左右，骨骼都非常强壮。"亮岛 1 号"跟"亮岛 2 号"似乎不是同一个族群，因为"亮岛 1 号"采取屈肢葬，"亮岛 2 号"采取仰身向上的埋葬法。在人类的文明里，下葬的习俗是比较稳定的识别族群的方式，不管是屈肢葬还是仰身葬，这两个族群给我们传递的信息就是，他们当时骨骼强健，身体健康。那我们可以想象，早在新石器时代的早期，整个中国东南沿海的生产方式、人民生活状态跟内陆中原，跟黄河中上游，跟红山文明、北京人、河姆渡人是一样的。我们的祖先在那时，不管内陆还是沿海，甚至在岛屿上，都是非常强健的族群，但是后来在漫长文明的发展中，中国东南沿海族群的声音和文化符号在整个民族的文化谱系里越来越小，以至于到了明清时期，进入整个海禁状况的时候，微弱的中国东南沿海的声音，还以反面教材的形象被写入我们自己的汉语典籍中。

"亮岛人"以单个的人体遗骸的素材被提取出母系血缘系统的 DNA，这在科学史上是一个奇迹。为什么这么说呢？近十多年来，台湾的台南科技园也有非常重要的考古发现，这个发现的年代跟昙石山相近（距今 4500～5000 年），有两千多具人骨遗骸，迄今为止都还没能够提取出 DNA 数据。但是"亮岛人"这两个单体，却能够提取出我们祖先的 DNA 序列，这难道仅仅是科学上的奇迹吗？陈仲玉先生在挖掘"亮岛人"的时候就采取了考古学上绝无仅有的一个行为，所有进入考古现场的人都穿上了防护服，防止今天人类的任何体液甚至灰尘对祖先有任何的干扰和污染，是陈仲玉先生的虔诚和科学态度，保证了我们的祖先能够跨过这么长的时间，把他们的文化密码留给我们，让我们今天有机会能够重新去聆听祖先想说的话。

福建人对自己的本土文化不认同，有非常深的文化自卑感，总说自己的祖先来自中原，虽然他们不知道来自中原何处。但是，在文化上、体制上认可了祖先来自中原的观念，头脑中的知识体系是在内陆区域培养出来的农耕文化体系，把真正属于自己 DNA 里的海洋族群信号减弱再减弱。有的时候，当福建族群里的人敌不过基因里的海洋天性时，外省人也批评福建人"偷渡"现象很严重、福建的华侨很多、福建很多人"走私"等，用蔑视与不理解来评论以福建为中心的中国东南沿海海洋族群。

在传统农耕文化体系之下，海洋文化的开放、多元的的确确在传统的儒家文化中很难找到自己的序列，但是，在全球化的今天，中国已经成为世界第二大经济体，中国要建设海洋强国，如果我们没有海洋的基因，没有走出去的文化诉求，我们的海洋强国在哪呢？中华民族全面复兴的诉求能实现吗？东南沿海海洋族群的后裔应该有文化自觉，担当起今天中国建设海洋强国、建设"海上丝绸之路"理论的提供者和实践的策划者，因为从"亮岛人"时代开始就已经逐渐形成了自己的海洋资源和文化。几千年来所积累下来的海洋生活形态、对海洋的认知及文化传统，仍保留在世界各地的人脉网络里。

第 四 章

海洋族群女性与妈祖信仰

一　中华知识体系中的海神

今天，我们最为熟知的女神妈祖，1123 年获宋朝廷赐庙额"顺济"，1156 年被册封为"灵惠夫人"；这就给我们提出一个问题：为什么在 5000 年的中华文明史上，海神妈祖在 1123 年才进入神的谱系？其实，中国知识体系最古老的海洋女神是我们非常熟悉的、我们中学时代都读过的故事——"精卫填海"中的精卫。

把"精卫填海"的故事列入中学基础教育的教材在全国各地的教材中不少见，我们掌管知识传承的教育者要我们年轻一代掌握什么样的精卫形象呢？或者说，"精卫"在我们的知识体系中占据什么位置呢？让我们来看看上海中学语文课本中"精卫填海"的课文。课文点评是这么说的：多么执着的精卫鸟啊，它明明知道大海无边无际很难填平，为了让别人不身葬大海，它从未放弃自己的填海计划，它这种不屈不挠的精神真令人敬佩。[①] 精卫填海的故事传递了课文编写者对大海的恐惧以及对精卫不屈不挠的填海事业的赞许。对大海的恐惧一直是先民对自然恐惧的一部分，这种心理在一代一代中国人心里不断被强化，这种"恐惧海洋"的文化心理在社会的长期影响下，就成了我们的主流文化对海洋的一种恐惧。人们是在学校的学习中系统地培养起自己对社会的认知，培养起自己热

---

① 沪教版七年级《语文》上册。

爱土地、热爱家园的知识体系系统。但是，"精卫填海"就把中华文明中本来有的海洋知识体系遮蔽掉了；这也是精卫——我们熟知的海神，逐步蜕变成农业神的原因。

除了精卫，中国传统中最古老的海神是"四海龙王"。今天，"四海龙王"已经成了妈祖神庙系统里配殿祭祀的神仙。四海龙王作为中国官方最早承认和册封的海神，与现实生活中的海洋没有多大的关系，他们是中国古代宇宙观的一种表述。古代的中国人把由许多的星体组成的宇宙称为天，把立足于其间的赖以生存的土地称为地。从中我们可以看出，天和地的二维结构中没有海洋，在古代被称为"天圆地方"。晋代天文学家何承天描述"浑天说"的宇宙结构为"天形正圆，而水周其下，四方者，东旸谷，日之所出，西至濛汜，日之所入"。[①]"浑天说"就是把天地看成一个半浮在巨大面积的海洋之上的内部充满了水的球体，球体的一半在水面之上，为人所居；另一半浸在海水里，人类无法居住。中国就在这个世界的中心，四周环海，海支撑着大地。这里的"海"的意义不同于今天我们生活中所认识的海洋，所谓"海"其实是一种文明的边界。"四海，犹四方也。""四海"一词，首见于商遗民所作的《诗经·商颂·玄鸟》："邦畿千里，维民所止，肇域彼四海"。"海"，在中国古代曾是方向的代名词，不是我们今天认识的"海"。所谓"中原""中土"，即"中国"居中，与其对应的地理概念是"四方"。古人既然将海视为世界的边界，所以四方往往被表述为"四海"，与四海相对的正是中央的中国。

《尔雅·释地》云："九夷、八狄、七戎、六蛮，谓之四海。"中国古代宇宙观认为，"中国"是世界的中心，四周是东夷、西戎、南蛮、北狄。这些在四周居住的人们没有受到中华文明的教化，被认为是半野蛮人，比较低级，因而使用了"夷、戎、蛮、狄"这样

① 转引自（梁）沈约《宋书·志》卷二十三。

歧视性的命名。而四周之外是海，即一大片水域，由四海龙王来管理，这个"海"完全不同于今天作为人类重要生活资源的"海"。这种以"中央－四海"表述的观念在中华民族先民对自然的初步认识阶段流传了很长时间。在这样的概念之下，四海龙王在中国文化史上起的作用主要就是农业神。

宋代的一个重大的转型就是提出了"开洋裕国"，在这样新的国策之下，宋代政府突然发现传统的海神都退化成农业神了，中国需要一个新的海神。中国东南沿海福建莆田民间信仰的一个巫女——妈祖林默，就在这个时候走上了历史的舞台，并在宋宣和五年（1123 年）获赐"顺济"庙额。

林默在福建确有其人，她羽化升天的时候只有 28 岁。28 岁的林默是如何成为"妈祖"的呢？"妈祖"在福建区域是对家里女性年长者的称呼，如对奶奶、外婆、姑婆的称呼。28 岁的林默向 82 岁的妈祖形象的转换使得中国区域的海洋文化和中国儒家的孝道思想结合在一起，以妈祖为代表的中华文化的信仰不单单是民间的信仰，而且是带有浓厚的中国沿海区域色彩的中华文明，在维护家庭伦理达到家和国兴、太平盛世方面有了内在的关系。妈祖在宋代成为中国海洋神，是因为宋代在实施"开洋裕国"的新国策时需要新的意识形态。在妈祖之前中国的海神无论是精卫还是四海龙王，都不具备在海上避难救援的功能。妈祖从福建区域的巫、仙升格到国家层面的海洋神，标志着中国东南的海洋文化对主流文化的一种反哺。2009 年，妈祖信俗，作为中国第一个信俗类列入世界非物质文化遗产名录，说明中国在改革开放 30 多年以后，妈祖文化必将成为中国进一步改革开放，从陆地走向海洋、走向深海的重要的本土文化资源。这也是中国东南海洋文化对主流文化的再一次反哺。

二　为何东南沿海多女神

中国东南沿海是一个多女神的区域，而且随着东南沿海海洋族群的迁徙，原乡的女神也被迁播到了全球。就闽台区域而言，除了妈祖以外，还有被称为"三十六姑婆"的闾山道教诸女神，以及其他彼此没有关联的女神——虎婆江姑妈、苏夫人姑、玉二夫人等。而在浙江舟山群岛有以观音女身存在的海神；海南有以"水尾娘娘"为代表的海神。"三十六姑婆"中最著名的是"陈林李三奶夫人"——陈靖姑、林纱娘、李三娘，且陈靖姑最为著名。陈靖姑，又称临水夫人、顺懿夫人、通天圣母、顺天圣母、陈太后等，最早流传于福建闽江流域，是闽台地区最有影响的女神之一；同时，随着闽人的全球移民，临水夫人在东南亚以及其他华人聚集区域影响力也越来越大。除了作为"护妇保婴"的女神，她也是可与妈祖、通远王比肩的海上保护神。

这些女神在东南沿海成为重要的区域文化代表，她们是东南本土的文化和南来的道教之间互动的产物；是唐宋以来道教、儒教、佛教等外来宗教与地处沿海的本土原始信仰互相融合而产生的、具有东南沿海鲜明海洋文化特征的产物。

以陈林李等诸多的女神为主体的"三十六姑婆"教派属道家闾山派。闾山派是广泛分布在浙江、江西、湖南、福建、广东、台湾区域的教派。道教信仰和所封的神灵随着所在区域海洋族群向海外的迁徙，也对世界有诸多影响。"三十六姑婆"亦是辅助生育的神，专门照顾小孩出生后到十六岁这段期间的成长，使他们免于惊吓、溺毙、灼烧、出麻疹等，保佑小孩的身心正常发育。但也有说她们各抱一个婴儿，是依助生娘娘的旨意，赐予民妇不同的孩子，有的成为商贩，有的成为农人，各行各业均有，有好有坏，以示生男育女，贤兴不肖，皆凭积善积德而论。因此，在台湾民间相信"三十六姑婆"不但可治妇女百病，而且分别职司幼儿衣、食、住、行、惊吓、夜哭和病痛等问题。此外，东南区域"畲族"还有女性始祖和凤凰崇拜等，从中可以看到东南沿海女神与女性崇拜的文化特征。

陈林李这个系统里最重要的主神，叫陈夫人。陈夫人就是陈靖姑。如今陈靖姑的主庙在福建宁德古田的临水宫。这是最早、最广泛流传在闽江流域，也是在东南沿海整个区域都有影响的女神。这个女神在唐代就有人信仰。对于临水夫人陈靖姑的籍贯及身世众说纷纭，其中比较客观记述陈靖姑身世的，是明万历二十一年（1593年）《道藏》所引《搜神记》中的一则资料："顺懿夫人，按《枫径杂录》云：唐大历中，闽古田县有陈氏女者，生而颖异，能先事言，有无辄验。嬉戏每剪鸢蝶之类，嘘之以水，即飞舞上下，啮木为尺许牛马，呼呵以令其行止，一如其令。饮食遇喜，升斗辄尽，或辟谷数日，自若也。人咸异之，父母亦不能禁。未字而殁，附童子言事，乡人以水旱祸福叩之，言无不验。遂立庙祀焉。宋封顺懿夫人，代多灵迹。今八闽人多祀之者。"① 如何成为与胎产相关之神，必与其生前胎产有密切的关系。明弘治三年（1490年）黄仲昭《八闽通志》卷五八《祠庙》载："顺懿庙，在县（古田）口临水。神陈姓，父名昌，母葛氏。生于唐大历二年（767年）。嫁刘杞，年二十四而卒。"② 叶明生教授认为从其"求嗣续"的法术可

---

① 上海书店出版社编《道藏》第36册，上海书店出版社，1988，第290页。
② 黄仲昭：《八闽通志》下，福建人民出版社，1991，第373页。

以反观其殇与临产之难。① 到宋代以后，陈夫人也同样具备护航和海上救援的功能。

在东南沿海，不仅航海贸易、远洋捕捞这类男性专司的行业主要的保护神是女性，而且狩猎、驯兽之类的行当的守护神也是女神，如虎婆江姑妈。江姑妈是在闽江流域特别是在福州方言区里广泛存在的女神，是虎神。如今在闽江流域，虎婆江姑妈的形象是一个年轻的女子。在福建宁德屏南一带还流传着关于江姑妈的一系列故事。《屏南县志》载："江枢，官洋人。初授金溪县尹，以清廉擢太平府。会芜湖县贼钱都管叛据繁昌，拥万众。枢剿灭之，升御史。"据说，在这次平叛过程中，得道后的江姑妈显圣助兄，大败贼寇。每一次临敌，她都身跨巨虎，于半空中一路当先，所向无敌。事后，枢表奏朝廷，帝为之喜，敕封为九天巡按江氏夫人。村人由是建宫祀之。因为江姑妈祖籍在福州，出生于屏南，所以两地都把她认作当地人，对她的信仰，很快从屏南传到了福州，几经演变后，最终被闾山教"三奶派"吸收，成为临水夫人陈靖姑的"三十六姑婆"之一。如今，福州城大大小小的虎婆宫有二三十座。此外，不少临水夫人殿内也都有她身跨巨虎的英姿。清屏南学士黄正绅撰《迎江夫人香火记》记载："有孝子包国治，入山樵采，被虎衔去，夫人救而苏。事详邑乘，彰彰可考。"另据民国版《屏南县志》记载："民国七年二月，痘疫盛行，男女老幼多有死者，邑人因往石龙冈迎神，于宫祷焉。神入城后患稍杀，其灵迹甚多。"

在泉州地区还有一个女神，被泉州人尊为苏六娘，又名苏夫人姑。在泉州当地有祭祀苏夫人姑的一些宗庙。苏夫人姑是在明代被中央政权册封为女神的。苏夫人姑原名苏六娘，出生于明洪熙乙巳年（1425年）十二月初一。她在兄弟姐妹中排行第六，所以众人就称呼她为苏六娘。她自幼聪慧机灵，举止端庄，孝顺父母，关爱

① 叶明生：《福建道教女神陈靖姑信仰文化研究》，《福建道教》2001年第4期。

兄弟，善操家务，勤俭朴素，是最典型、纯洁的农村姑娘。她因为平时对周围的事物具有非常敏锐的观察力和极其准确的判断力，所以预测凶吉祸福的事情十分应验，让人非常信服。因此，很多乡里人都怀着钦佩和崇敬的心情对她做出客观良好的评价，说："这姑娘从小就这么聪明灵巧，端庄贤淑，日后一定福分无量。"明正统六年（1441 年）开始垒石为庙，奉祀明代泉州民间传奇式女神苏夫人姑（苏六娘），配祀三夫人妈、月娘妈。明成化六年（1470年），苏六娘被敕封为"护国卫生夫人"，地方官遂依制建庙，明万历年间（1573～1620 年）朝廷加封其为"衍圣崇福夫人"。

在漳州也有一个女神，名叫玉二夫人，又称二妈祖夫人或二妈祖等。二妈祖就是开漳圣王陈元光的女儿陈怀玉，被册封为柔懿夫人（《颍川陈氏开漳族谱》载明末追封）。随着很多漳州人迁徙到台湾，也把对陈怀玉的信仰带到了台湾。台湾群众先后在东山岛铜钵村"净山名院"包香火分灵建造了 13 座"玉二妈庙""玉二圣母庙"，供奉柔懿夫人陈怀玉。台北、台南、台中、高雄、桃园、基隆、嘉义等地都有玉二妈庙，信徒多达数十万人。1987 年 10 月，台湾人可以赴大陆探亲以来，虔诚的玉二夫人的信众们经过 20 多年的调查考证、寻根溯源，终于明确东山岛铜钵村独特的妈祖庙是台湾所有玉二妈庙的香缘祖庙。玉二夫人的信仰在 2007 年也被定为福建省非物质文化信仰。福建艺术家黄静谷先生有诗赞曰："大妈二妈柔懿魂，助父开漳殉青春。成功征台随舰去，神女荣归得元勋。"

除了这一系列女神信仰外，福建还有一个人数众多的女性地位很重要的少数民族——畲族。畲族在当今以男人为主角的社会里，有不可思议的习俗。畲族的女性被称为"三公主"，是凤凰，因而畲族被称为凤凰民族。畲族女性服饰特征的形成与崇拜女性始祖的文化有着深厚的历史渊源。畲族人有崇拜女性祖先"祖婆"的习俗，各地流传着许多有关祖婆的故事，祖婆在畲族人的心目中地位很高。相传谁家生孩子，只要抱给祖婆摸一摸、说句吉祥话，孩子就会少生疾病，长得快而壮。祖婆死后要埋在祠堂的祖先神龛下面，当村里有人结婚时，新娘、新郎必定要到祠堂祭拜以求吉祥。畲族人对祖婆奉若神明，三公主是畲族的"始祖婆"，因此作为畲族女性的代表受到畲族人世世代代的爱戴与崇拜。对始祖"三公主"的崇拜使畲族文化中渗透着女性崇拜的因素，也形成了别具风格的畲族女性服装——"凤凰装"。

凤凰装传说起源于三公主的装束。根据《畲族族谱》的记录，高辛帝的皇后叫刘君秀，她的第三个公主名叫瑞娥，三公主出生之时有"凤凰百鸟来临"，三公主成婚时，帝后娘娘给了她一顶非常珍贵的凤冠和一件镶着珠宝的凤衣，祝福女儿三公主的生活像凤凰一样吉祥如意。三公主生下三男一女，并把女儿从小就打扮得像凤凰一样，当女儿长大出嫁时，美丽的凤凰从凤凰山衔来五彩的凤凰装，此后畲族以美丽的凤凰为本族人的图腾符号，凡本族人生下女儿均赐予凤凰装束。[①] 从此，畲族女性在结婚和重大节日时便都要穿上华丽的凤凰装，以示吉祥如意，并成为习俗流传至今，有些地方把新娘直接称为"凤凰"，因为新娘具有"三公主"的崇高地位，所以在新郎家拜祖宗牌位时是不下跪的。这样的一些习俗说明，一直以来畲族作为东南沿海的一个民族，其文化信仰和符号也是沿用中国东南地区对女性崇拜的传统，在整个女神系列里，可以看出明显的区域特色。

---

① 吴剑梅：《畲族的女性崇拜与"凤凰装"》，《百科知识》2013 年第 11 期。

三　海洋族群中的女性

　　中国东南沿海之所以有众多的女神，原因在于海洋族群中女性的特殊地位。在传统的农业社会里，男主外、女主内是社会常态；但是，在海洋族群，男性要出海打鱼或者经商，男性无法承担传统社会赋予他们的"主外"责任——进行农业生产，参与乡村公共事务等，而是把陆地上的"内""外"事务全部留给了女性。海洋族群中的女性既要像传统农耕社会的女性一样主内，要做好贤内助供养好公婆、哺育好子女；又要把农业社会里男主外的活动担当起来，田间劳作和社会组织活动都由海洋族群的女性一肩挑。

　　在传统家庭、田间劳动、社会公益"三肩挑"的生存状态下，海洋族群女性的生存并不如想象般"悲催"。首先，看看她们的服饰，如今，无论是惠安女的服饰、湄洲女的服饰还是蟳埔女的服饰都是摄影家、采风者特别乐意捕捉的镜头。其中，惠安女的服饰在2006年被国务院批准列为第一批国家级的非物质文化遗产。但是，很多人并不理解这套服饰折射出的海洋族群女性的生存状况及其隐含的文化含义。因此他们对惠安女性的服饰是这样描述的：封建头，头盖得紧紧地；民主肚，腰露出来了；节约衣，衣服很短；开放裤，裤子很大很长。这完全是从农耕文化的角度来阅读海洋族群女性的服饰。其实，我们知道海边的气候条件跟内陆有诸多的不同，海洋族群女性从头到脚的服饰都跟她们劳作的方式息息相关。

比如说斗笠和头饰，可以把女性本应放在手提包里的所有东西都放在里面；另外还有一个非常重要的实际作用，就是遮挡阳光和扑面而来的海风。惠安女长期在海边劳作，水把衣服打湿是非常正常的事情。短小的衣服适合她们在海边劳作。裤管宽大是因为什么呢？我们曾经到沿海做过大量调研，海洋族群的女性经常要在退潮的时候在滩涂上做小规模的捕捞，在捕捞的过程中，她们要在海里站4~6小时，她们是无法上岸上厕所的。因此，她们的服饰都与劳作的方式有密切的关系。

当然，我们不能仅仅从使用的角度来考察海洋族群女性的服饰。让我们再来看看来自东南沿海的另外一个族群——泉州边的蟳埔女。她们的特征是：满脸皱纹、满头鲜花。蟳埔女性的服饰与传统农耕文化对女性服饰的标准有着较大的差异性。对于海洋族群而言，男性一方面将大海视为财富与荣耀的所在，另一方面他们却将性命系于波涛之上，葬身海底、九死一生似乎成为他们的宿命。在这样的海洋风险之中，女性们反倒没有了"终日哭哭啼啼、以泪洗面"的焦虑，反将每天的日子都过得如节日般隆重，每天都以最好的状态展现在男人们面前。而农耕社会中的女性一旦已婚或者年长，就要有年长者的样子——女子装扮自己是"雌孔雀开屏"，普遍不被社会所接受。中国著名作家赵树理在他的作品《小二黑结婚》里塑造了一个坏女人形象，她叫三仙姑。"三仙姑和大家不同，虽然已经四十五岁，却偏爱当个老来俏，小鞋上仍要绣花，裤腿上仍要镶边，顶门上的头发脱光了，用黑手帕盖起来。"在这里，我们看到以赵树理为代表的内陆农耕文明角度下一个四十五岁的女人，不可以老来俏，不可以绣花，不可以镶边，要把自己弄得像一个长辈人那样衰老不堪的样子。婚后就如赵树理所言：不要装扮。不得对他人构成"诱惑"。

从《小二黑结婚》中看到的是内陆文化对已婚女性审美的诉求，而沿海女性所展现出来的是海洋族群女性的另外一种灿烂。我们将海洋族群的女性和农耕文化中的女性作对照，就会感受到海洋族群女性挑起了生活的全部担子，但是，她们并不因此放弃自己对美的追求，她们可以随着岁月变老，但是，她们从不放弃对生命灿烂的追求。她们创造的生命比内陆农业文明女性更为灿烂，其中蕴含的海洋族群对生命的热爱和对生命的另一种解读，是应该引起重视的。

惠安女、蟳埔女都是海洋族群中的女性群体，其中有一个杰出代表——杨水萍。1885年，中法马尾战争爆发，这场战争整个清政府倾全国之力打造的舰队在闽江口倾覆。而在这场战争之前，法国人想占领台湾基隆，在台湾基隆打了败仗，才转而到了闽江边上的马尾，进犯马尾。在法国侵占台湾基隆的战争中，是谁打败了法国人呢？最后的关键人物之一是一位女性——杨水萍。台湾刚建省的时候，第一任巡抚刘铭传只带去很少的军队。当法国人进犯台湾的时候，台湾的乡绅把自己的家丁带到了前线保卫家园。杨水萍的丈夫林朝栋所率领的军队在基隆保卫战中是主力。在两军交战的紧急关头，法国人上了岸，从战场上逃出来的士兵告诉杨水萍这个情况后，她就带领6000名家丁开赴前线。一路敲打竹竿、大声呐喊，使得法国人以为来了千军万马，最后在林朝栋的军队和援兵的内外夹击下，法国人退到了海上，杨水萍也因此被清政府授予了"一品夫人"的封号。这样的"一品夫人"是我们中华民族每一个人都应该记住的民族英雄。因此，正是东南沿海海洋族群里女性独特的精神气质才使得她们跟东南沿海女神们的气质相得益彰。

海洋族群中的女性在海洋社会里撑起了家庭、劳作和社会三副担子，她们对生命具有双重态度，她们对生命的苦难是坚忍的，又对短暂的生命有着强烈的热爱。反过来，被这些女性"宠出来"的海洋族群的男人，具有什么样的特征呢？他们为了家而四海奔波，甚至把性命系在浪尖上。他们尊重女性创造出无数不让女人"走海"的理论。

四　海洋族群的"女书"

传统海洋社会中男人以出海打鱼、远洋贸易为主业。航海是高风险职业，那么海洋社会的知识体系是如何传承的？留在陆地上的妇女如何表达自己的情感呢？2006年，国家级非物质文化遗产授予湖南永州的江永女书，因为湖南永州的江永女书是目前世界上唯一由女性创造、由女性书写的妇女专用文字。

女书的流传与当地妇女的公共空间活动，如经济生活、乡土文化、婚嫁习俗密切相关。以女书集中的永州普美村为例，该地大体为"六分半水三分半田土"，属于亚热带季风湿润气候，四季分明，天气温和，"暑不烁骨，寒不侵肤"，光照充足，雨量充沛。据当地村民介绍，这里的所谓"三分半田土"，其中相当大的部分是大山。普美村人均田地均不到一亩。特殊的地理环境，使得这里的耕作有着与中原不一样的形式。水源的丰富，可以让男人们上山下江放木排，而留守在家园从事种植、养殖活动的主要是妇女。由于地处深山腹地，家家户户的民宅为了防止野兽入侵，房屋与房屋都是紧紧相连的，各家没有自己的场院，各家的妇女纺棉花、晒花生，都集中到一个公共祠堂门前。实地了解当地妇女的生存状态，便不难理解为什么在这里父系制的祠堂也是妇女文化的传承空间，因为这是当地唯一的公共空间，也是全村人共同拥有的空间。

同时，这一地域具有父系制下妇女从夫居住传统，又有新婚三天后回娘家居住的习俗，有结拜姊妹"过斗牛节"和女性崇拜（如花山庙）的习俗。正是在这些当地习俗中，妇女有了群体社会活动交往，有了妇女互赠女书的群体发声，使传承女书与女字成为可能，使江永女书成为在潇水流域的父系社会中以妇女为文化主体创作的产物。除了男耕女织的相对封闭、自给自足的人文地理生活环境外，女书的流传还得益于当地乡村文化的支撑。当地的一些大户人家，既是当地乡土文化的支撑者和传承者，也是女书文化的支撑者和传承者。

湖南永州的江永女书是目前世界上唯一的妇女专用文字，它的发展、传承及以其为符号承载的文化信息构成了女书习俗。女书作品一般为七言诗体，内容多以诉苦为主，是一种自娱自乐的苦情文学。这些作品被书写在精制的布面手写本（婚嫁礼物）、扇面、布手帕、纸片上。同时妇女常常聚在一起，一边做女红，一边唱读、传授女书，这种唱习女书的活动被称作"读纸""读扇""读帕"，形成一种别具特色的女书文化。江永女书中70%以上为当地妇女的"贺三朝书"，"贺三朝"：新娘出嫁后第三天，女友要接新娘回到娘家，叫"三朝回门"。女友来祝贺，都要吟唱女书，叫"贺三朝"。现存"女书"作品中，装帧最讲究的都是"三朝书"。它的制作有尺寸规定。书里还夹着五色丝线和剪纸图案等。湖南的女书是非常独特的文字，基本上很难由男性参与，很难成为整个社会接受的文化体系，所以基本上是用于表达女性对生活的苦闷之情、对情感的苦闷。

无独有偶，流行于福建闽南、潮汕等地的海洋族群女书——"东山歌册"是海洋族群的女书。2007年，被列入国家非物质文化遗产。"东山"为福建漳州的东山县。虽然叫东山歌册，但流传范围不仅包含闽南区域，也包括潮汕区域、台湾地区。随着该区域的人民向东南亚的迁徙，东山歌册在东南亚也有一定的影响。

东山歌册作为海洋族群在女性中的知识文化体系是用汉字来记

载，用闽南语来吟唱的。中国海洋文化中有不少典籍、记载与中原传统文化有很大的差异，海洋族群的故事经常用汉字记形、用闽方言来发音。女性在男人出海以后，很多情感表达方式和知识传承方式，基本上是以"歌册"为载体来保存、传承的。

今天，福建漳州东山岛还能够看到很多与"东山歌册"相关的场面。三五成群的女性坐在一起做着女红、唱着歌册，成为合格女性的重要标志。在东山区域，古时候女子出嫁，都要以能唱多少歌册、在陪嫁的时候带有多少歌册的本子来衡量新娘的价值。在新娘第一次见男方亲戚的时候，男方请来的宾客坐在厅堂里面，听女方在楼上唱歌册，以此显示自己的教养。女方则显示自己具备海洋族群知识体系的能力。如婚喜歌《赠嫁妆》唱词如下：

天光起来洗洗盘　　也有银瓯叠银盘　　也有缎裙拾幼裯　　也有缎被献家官

大兄赠妹一丘田　　二兄赠妹银茶瓶　　三兄赠妹一只马　　四兄无马买含兰

大嫂赠姑头上钗　　二嫂赠姑双弓鞋　　三嫂赠姑菱花镜　　四嫂无镜燕尾钗

五嫂无赠泪泪啼　　嫂啊嫂啊你霎啼　　也有出日好晒粟　　也有落雨水流时

外公外妈赠耳钩　　内公内妈赠枕头　　同沿姐妹赠凉伞　　一支凉伞盖轿头

一顶大轿七人扛　　八人扶　扶到林氏拜祠堂　　顶堂下堂拜到了　大伯没拜絮苍苍

亲戚大小都来问　　问咱小姐迪位人　　阮是苏州人小姐　　一日行过七千人

顶州做官是我兄　　下州做官娘亲成　　叔爷做官为宰相　　我爹海南坐官厅

按察是我亲兄弟　　皇上是我姑表兄

（注：同沿：同辈。迪位人：哪里人。娘亲成：娘亲戚。）

　　对于东山歌册里记载的海洋族群里的一些文化密码，我们还了解甚少，目前整理出来的许多歌词多为表达分别时的思念之情。比如，"一把雨伞圆又圆，夫妻双双并肩行，恩爱方今未三月，送别我哥泪淋淋。只为生活过海去，妹你切莫太伤心，家中双亲多照顾，辛苦全靠妹一人。"

　　随着未来对以东山歌册为代表的海洋族群女性的知识体系更深入的开发，也许会获得更多关于海洋族群女性生活、知识传递的内容。

五　妈祖信俗在中国

在《七子之歌》里，闻一多写了关于澳门的一段歌曲，歌曲里面提到"Macao"，把"Macao"当作葡萄牙人强加给澳门的称呼，但是闻一多并不知道这是中国海神之名。这从另一个层面反映出中国主流文化体系中海洋文化的失却。

建于1605年的妈祖阁，已经成为澳门的标志性建筑。中国北方沿海重要港口城市天津与海神妈祖同样密切相关，可以说是"先有妈祖庙，后有天津卫"。元代定都在北京之后，需要江南的日常生活用品和粮食，为此开辟了海河，把海河当作天子的渡口，开辟了海河的漕运。天津就是在海河入海口，在建立妈祖庙之后慢慢发展起来的。如今已经很难想象从元朝到民国时期海河入海口当年的繁荣景象了。

天津妈祖庙"敕建"于1326年，敕建是什么意思？就是奉皇帝命令建立的。其实天津妈祖庙在元朝初年就有了。由于主持、参与海上漕运的人都是闽人，为了管理闽人，元朝统治者就在元初建造了妈祖庙。妈祖庙先是作为闽人进行宗教生活和完成宗教事务的场所，后来成为政府管理航海者的重要行政机构所在地，天津整个城市以海河入海口妈祖庙为起点，往海河上游慢慢延伸扩建。2015年，是天津建城611周年。现在天津很多文化符号仍与海上漕运有很多的联系，比如妈祖庙，比如两个文化名人，一位是严复，另一

位是侯德榜。严复为人所熟知，侯德榜是福建闽侯人，是中国乃至
亚洲制碱之父。从一南一北两个城市的妈祖庙可以看出，妈祖已经
成为中华文化的重要组成部分，不应忽视妈祖以及其所代表的中国
海洋文化在中华文明中的重要地位和作用。

六　妈祖信俗在全球

中华妈祖网的资料显示，全球有妈祖庙（宫）15000 多座，分布在 30 多个国家或地区，信众超过 3 亿人。其中，东南亚是妈祖信俗传播的重要地区。

有史料记载，1572 年，菲律宾有了第一座妈祖庙，据有关学者考证，该妈祖庙是由福建泉州晋江移民建立的。随着中国海洋族群移民的增多，妈祖庙在菲律宾各地都有分布。据《中菲关系史》的资料，到 20 世纪 60 年代，整个菲律宾有妈祖庙 100 多座。[①]

新加坡的妈祖信仰开始流传时间几乎和新加坡的开埠时间一样，甚至更早。新加坡的天后宫，叫天福宫，主殿祭祀的就是妈祖，1973 年，这座天后宫被新加坡列为国家古迹。

除了东南亚外，在亚洲其他很多国家也都能看到妈祖信仰的痕迹，比如日本横滨的妈祖庙。日本横滨的妈祖庙年代也很久远，早在明代时期就有了。美国洛杉矶罗省的天后宫则比较新，是移民至美国近 30 年的福建人主导建设的。

作为一个显性文化符号，妈祖被东南沿海族群带到世界各地，广为传播。由此，我们可以总结出：第一，中国人有着视同生命般重要的信仰。中国海洋族群把"妈祖"这个对自己族群非常重要的

---

① 刘芝田：《中菲关系史》，台北：正中书局，1964，第 254 页。

文化符号不断传递下去。如今，妈祖仍是东南沿海人民生活中不可替代的信仰，从日常生活到捕鱼，都能看到妈祖的影响力。第二，以妈祖信仰为平台所展现的已不仅是中国的区域文化，而且是系统的中国传统文化的显现。第三，妈祖对世界广泛的影响是中华文化对世界文化影响的实实在在的具体事例。第四，必须看到，整理妈祖及其所代表的中华海洋文明是构建重返世界舞台中心的中国的本土文化资源。

第　五　章

土楼是中外不同文化对话的产物

一 山海交融中的世界文化遗产

20 世纪 70 年代，一张由美国卫星摄制的照片被送进白宫，引起了白宫的一阵慌乱。因为这张照片展示的是中国东南区域出现了一个神秘的"导弹基地"。在这个"导弹基地"中，密集地分布着庞大的桶状建筑物，还时不时地冒出烟雾，数量之多，让白宫专家惊出一身冷汗。他们非常疑惑，中国怎么会有这样一个秘密的"导弹基地"呢？他们当即派出情报人员，以旅行的名义进入中国一探究竟。当他们来到中国南部的福建的时候，才发现原来所谓的"导弹基地"其实是福建一种古老的建筑——土楼。到达现场的人并没有因此松一口气，因为他们被这种独具特色的古老建筑震撼了，他们走进土楼，更近距离地了解、欣赏这种古老的东方建筑。他们看土楼中的福建人如何生火做饭、如何取水淘米，拍回了很多照片带回白宫，"导弹基地"的谜团解开了，却激起了美国人以及全世界人对于土楼很大的好奇心，令他们向往。

对于土楼这种神奇的建筑，可以有多种学科和多种角度的解读：不仅可以从建筑学角度进行解读，而且可以从区域发展史、人类学、民族学和宗教学等多种角度进行解读；更应该从不同文明的视野来进行解读，可以从内陆文明的视野来解读，也可以从全球多种文化交融、互相激发而产生一种新的文明形态的视野来解读。这些风格奇异的土楼，主要分布在闽西南的南靖、平和、华安、漳浦以及永定、武平、上杭等地。

1999 年，美国盖蒂保护所内维尔·阿格纽（Neville Agnew）到福建南靖考察福建土楼，他说："这是我所见到的最漂亮的与周围环境协调的民间建筑。"2008 年，有 46 处福建土楼被正式列入世界遗产名录，成为中国第 36 处世界遗产。2008 年申报世界遗产的文件如此介绍它："土楼产生于宋元，成熟于明末、清代、民国，到现在还是当地人民民宅的一个建筑之选。"通过这一描述，我们只获得了一个线性的描绘过程。那么，这样一个产生于宋元时期的建筑样式，为什么会在明清时期得到特别的发展呢？是什么特殊的外部原因促使该建筑艺术突然成熟？

二　土楼真的姓"客"吗？

对于其他区域的人民而言，"福建人"基本上是讲同一个语系、生活习俗大体相同的一个族群。其实，福建素有"八闽"之称。这"八闽"既有文化上的共同性，又有很大的差异性。土楼比较聚集的地方是两个在语言形态和生活形态上略有不同的族群所居住的地方，这两个族群是讲闽南话的福佬人和讲客家话的客家人。长期以来，很多学者和民众心中对土楼到底是客家的还是闽南的，是山区的还是沿海的有很大的争论。以下是几个有代表性的观点。

第一个观点来自一本很有权威性的学术专著，就是著名建筑史学家刘敦桢先生所著《中国住宅概说》。刘先生在其论著里就提到圆形土楼是福建永定县客家住宅的一种，[①] 这是一种说法。第二个观点来自国务院新闻办的对外宣传资料，其中一个子目录叫"中国传统建筑"。在"中国传统建筑"子目录里提到"民居建筑·土楼"部分，基本上把福建的土楼等同于客家土楼："中国东南沿海福建、广东等地，有一种独特的民居样式——土楼。它们规模很大，有方形，也有圆形，外观最高大的土墙，墙上开窗很少，很像一座堡垒。这种中外建筑史上十分罕见的民宅，其产生并不是偶然的。由于战乱等原因，历史上一些北方人曾合族南迁至今福建、广

---

① 刘敦桢：《中国住宅概说》，百花文艺出版社，2004。

东、江西一带，被当地人称为客家人。"① 在这份国家最权威的外宣资料里，把土楼等同于是客家文化的一个变形。第三个观点来自著作《土楼与中国传统文化》中的描写："土楼分布的区域最集中之地为闽西、闽西南、闽西北、闽南漳州、粤东、赣南这片以纯客家县为核心的三角地区。"② 这也是把福建土楼等同于客家土楼。诸多观点都认为土楼是客家人的创造，给予土楼的前缀就是"客家土楼"。土楼真的是客家人创造的吗？客家人在历史和文化史上都被当作农业的、内陆文化的代表，从这样的逻辑上说，土楼就是客家所代表的农业和内陆文化的典型吗？这个问题应从两个方面来考察。

一方面，客家人作为中华族群里迁徙历史非常久远的一个族群，他们在进入闽西这块区域之前、从闽西往外迁徙的过程中，是否把代表着客家文化的土楼符号一起带走呢？在历史上，客家的迁徙从东晋就开始了，唐末、宋代达到了高潮，他们从北方向南迁徙，直到闽、粤、赣交界的地方，在闽西这块主体区域停留了下来。今天，我们考察客家在一路往南的迁徙过程中、在进入"闽"这个区域前并没有"客家土楼"这个文化符号的出现。明末清初以及民国时期，大量的客家人又以闽西为根据地向外迁徙，有的迁徙到海外，有的到了四川、贵州和海南。在这批向外迁徙的客家族群里，也没有看到客家人把象征他们文化建筑的符号土楼带走。这是值得思考的问题。

另一方面，如前面所述，在闽西南地区，沿海讲闽南方言的族群生活的区域和内陆讲客家方言的族群生活的区域都是土楼比较集中的地方。这两个区域一个在沿海、一个在内陆。两个区域的土楼是不是有一个传播的路线可循呢？从我们了解的资料来看，土楼应该有一个由先沿海后内陆的传播路径可循。具体说，讲闽南话的族

---

① 转引自楼庆西《中国传统建筑》，五洲传播出版社，2001，第128～129页。
② 林嘉书：《土楼与中国传统文化》，上海人民出版社，1995，第30页。

群所在的沿海区域所建设的土楼在时间上要早于居住于山区客家人的土楼。目前已知在福建最古老的土楼，一座是闽南漳浦县绥安镇马坑村的一德楼，另一座是漳州华安县沙建镇岱山村椭圆形的齐云楼。这两座土楼都是在沿海，或者说在九龙江上游流域的区域。从近几年在漳州沿海考察的情况来看，可以说最早的土楼在海边诞生，而后形成了一个沿着九龙江，从海边向山区、向内陆不断扩展的态势。

越靠近海边的土楼，它的历史越悠久；靠近山区的土楼，历史相对来说更短暂。在山区客家人所居住的区域，也就是今天所能看见的有代表性的土楼，基本上都是清代甚至是民国时期建造的。

三 土楼的特质不是"防"

　　土楼真的是源于抵御山林野兽和强盗的需求吗？人类建设居住场所，无论何种材质、何种款式无不兼具抵御山林野兽和强盗的需求。那么，土楼的特质是什么？

　　目前福建土楼所在的区域跟整个福建省的地貌差不多，并没有特殊之处。明代万历年间《漳州府志》里有这么一段话："嘉靖四十年以来，各处盗贼生发，民间团筑土围、土楼日众，沿海等地尤多。"这是《漳州府志》对当时社会环境和由于社会环境而产生土楼的一种解说。把土楼的产生归结于各地盗贼生发，所以民间就开始建造土楼的。这只能解释当地某几座土楼建造的原因，并没有给出关键性的答案。我们知道，土楼最早源于宋元时期且与闽西南区域独特的族群有关。福建是一个多山的地区。多山的地区并不是闽西南特有的，山上野兽出没的状况也并不单独属于闽西南，全省都有这样的状况。因此，我们认为，源于宋元时期的土楼跟地理环境关系不大，而是与独特的族群有关。

　　原来居住于闽西南地区的是什么样的人呢？以漳州为代表的闽西南地区，是最后被汉化的闽文化区域。直到唐末"陈元光开漳"，以漳州为代表的闽西南地区才开始了汉化的过程。原先居住在这里的人是一群被称为"山獠"或"山猴子"的人，在陈元光把汉文化从内地带到闽西南之前，闽西南这块地方有自己的先住民。这些先住民的特色是居住在深山里，所以被称为"山獠"或者"山猴子"。源于唐宋时期的土楼或许与这个族群的生存方式有着某种关联。这里的关联是我们应该去探究的。

四 土楼的主人多姓"商"

明中后期，正是土楼走向精致、多样化高潮的时代，是什么推动原住民的住宅方式在这样一个时代精致化的呢？我们先来了解几座有代表性的土楼，看看它们的主人都是谁，从中或许能探究土楼从先住民的住宅方式变成富有闽文化区域的特色建筑的一些关联。

坐落在永定县湖坑镇新南村的衍香楼，是 2008 年"福建土楼"申遗的单体土楼之一。衍香楼的楼主叫苏谷春，苏谷春少年时期家境贫寒，后来他是怎么发家的呢？他是怎么盖起衍香楼的呢？他靠的就是种植与经营烟草。中年以后，苏谷春不仅在家乡闽西，而且在上海、武汉等地经营起条丝烟生意。这是一位依靠烟草生意发家的闽商。他们的家谱有这样的记载：苏家在全国各地开设了一个连锁商号"永泰兴号"，经营的是烟草。苏家不仅种烟草，而且经营各种各样的烟草、烟刀，形成了一个跟烟草相关的大产业。他们赚到万贯家财以后，用白花花的银子堆砌起衍香楼。这栋楼从 1852 年开建，历经 28 个春秋才建立起来。这座"衍香楼"正是苏家通过在全国各地开设"永泰兴号"烟行赚得万贯家财的见证；而楼名"衍香"也是"烟香"的谐音。取此名是苏谷春对自己烟业兴家的纪念。当时，在福建，像苏家一样依靠烟叶发家而建造土楼的例子，不是个例。

位于华安县仙都镇大地村的二宜楼是福建土楼的典型代表，素有"土楼之王"的称呼，这栋楼同样是在乾隆五年（1740 年）开始建造，于乾隆三十五年（1770 年）落成，建造时间长达 30 多年。现在在这栋楼里，墙上的糊纸还有 20 世纪 30 年代美国的《纽约时报》。已是 80 多岁的楼主蒋火炉一家到今天还在经营跟祖传的烟草有关的生意。从二宜楼保存的 900 多处壁画彩绘、从二宜楼的门楣上画着的 15 个世界不同时区的时钟，就可以看到、触摸到这个楼的楼主通过烟草贸易跟世界各国产生的联系。

"遗经楼"也是闽人经营烟草成功的产物。"遗经楼"是陈永春、陈华父子在广东经营条丝烟致富后兴建的。二座联袂的福盛楼、福善楼，是著名烟庄"永隆昌"的黄万斗、黄万才、黄万鹏三兄弟在湖南、广东等地开条丝烟商行发迹后建起来的。抚市社前村占地 6000 平方米的大土楼"庚兴楼"，是最早入赣开办"利字号""景星祥"烟行，并获利甚丰的赖庚兴独资建造的。

福建的这几栋有代表性土楼，跟烟草以及烟草产生的产业链有着密不可分的联系。土楼的建成需要长达二三十年的时间。在这二三十年间，如果要抵御土匪或者野兽的话，土楼肯定难以发挥功能。土楼的主人通过经营烟草这个特殊商品积累了巨大的财富，在财富积累的过程中又不断扩建土楼。

号称"东亚奇观""中华一绝"的著名的圆形土楼"振成楼"，是客家人土楼的代表，建于 1912 年，用了 5 年的时间、8 万大洋才建造而成。振成楼的主人是谁呢？其主人是洪坑林氏 21 世林鸿超兄弟等人，而林氏兄弟建成振成楼也正是源于林德山、林仲山、林仁山林氏三兄弟经营烟刀生意所积累的巨额财富。

位于福建省龙岩市湖坑镇洪坑村的福裕楼，是林德山、林仲山、林仁山兄弟三人耗费 20 万大洋建造的一座府第式的方形土楼。按高中低三落、左中右三门三格布局，兄弟既可共居一楼，又可各自成一单元，既分又合，很有特色，被福建省评为最有地方特色的方形土楼建筑。该楼现为永定县文物保护单位，旅游观光点。在老大、老二先后去世后，老三林仁山又想独自兴建一座工程浩大的圆形土楼——振成楼，因劳累过度，不幸病逝。为了继承父志，仁山次子林鸿超，亲自设计并邀集了叔伯数兄弟合资共建振成楼。振成楼的楼名是为纪念上代祖宗富成公、丕振公父子而命名的。

由此看来，土楼的建造跟商人财富的积累有很大的关系。福建永定县是个山区县，在烟草种植业兴起以后当地产品不仅销往中国各地，而且销到东南亚地区。据《永定土楼志》记载："从明代至清代乃至民国，外出经营'条丝'烟业者众多，操纵长江中下游的金融，竟达三四百年之久。这样一大部分经营者（包括本地烟刀商、烟刀石生产者）都大发其财。"从这段记载可以看出，福建人通过经营烟草生意发家致富后，把这些财富转化成为家人挡风遮雨的土楼。如今在福建的闽西崇山峻岭里所看到的土楼，正是福建商人与烟草的故事的真实写照。所以"在楼外种植烟草，在楼内加工烟丝"就是非常常见的福建人生活图景了。

五　烟草—白银—土楼

　　说起烟草进入中国，要提到 20 世纪 60 年代非常出名的人物吴晗。

　　吴晗曾任北京市副市长，也是一位著名的历史学家。他作为历史学家其实不是因为他写了一部剧本《海瑞罢官》，而是因为他论证了在明代作为一个外来物种——烟草是怎么进入中国的。按照吴晗的论证，烟草就是在明代、在海洋贸易的过程中从吕宋也就是今天的菲律宾，由福建的商人带到了当时唯一一个中国对外贸易的口岸漳州月港。① 漳州市的《烟草志》里记载，明万历三年（1575年），漳州商人从吕宋携带烟种入月港，烟草开始在漳州的石码、长泰和龙溪县进行试种，没想到这个外来物种特别适合中国闽西南的地理条件和气候，很快就试种成功了。接着烟草就逐渐沿九龙江向上游、内地扩展，并传到福建省内外各地。

　　15 世纪以来的大航海时代，欧洲人开辟新航路，为资本主义的发展提供了世界范围的舞台；对贵金属、商品、原材料以及劳动力的需求，促使西方殖民者纷纷在中东、东南亚、北美、加勒比海、非洲等地建立殖民据点，以此进行贸易和殖民掠夺。在面对这股由海上而起的全球化浪潮时，代表小农经济利益的明清统治者却选择

---

　　① 　吴晗：《谈烟草》，《光明日报》1959 年 10 月 28 日。

了"海禁""迁界",试图将其阻挡在国门之外,明清两代的中央政权皆从农耕思维出发遏制海洋贸易,同时,放弃唐宋以来"开洋互市"的策略;那是将海禁落实到实处的时代。然而,以闽商为代表的中国东南沿海民众的商业天性是无法扼杀的。他们代表的是当时中国与世界经济接轨的民间力量;一个"走私"据点被消灭,又诞生了另一个"走私"据点。中国民间海商与欧洲商人"野火烧不尽,春风吹又生"的商贸热情和"犯禁"行为令封建统治者头疼不已。由于长期海禁,宫廷内部的海外物产资源奇缺,社会所能流通的贵金属也相当有限,在这种内外压力下,明政府终于作出了在他们看来最有利于统治的妥协:有限度的、可控制的开港。明朝统治者选择了一个并不太适合开港的港口,"恩准"其通商。这个港口就是福建漳州月港。

月港位于九龙江下游,从漳州府城出发,顺水走数十里的路程,漳州的商船即可以驶到月港。从九龙江的上源北溪直上漳平、龙岩二县,而漳平所在位置,已是延平府、汀州府的分水岭,在九龙江的上游翻过大山,即可进入闽江流域与汀江流域。这种有利的地理环境使得九龙江能够集福建其他两条重要的商业通道——闽江与汀江之便利,得福建内陆腹地之物产资源。月港港道蜿蜒曲折,且地处偏远,明初海禁严厉时,月港因"偏远"而具有一定的隐蔽性,因此,在明代开洋之前便已经成为名震中外的"走私"贸易港。

明嘉靖三十年(1551年),明政府置靖海馆,设通判。嘉靖四十五年(1566年)置海澄县。次年亦即隆庆元年(1567年),明政府在月港开"洋市",准许中国个体私商申请文引、缴纳税饷、出海贸易。月港成为明代中国对外开放的唯一"特区"。

无论如何,漳州月港由走私贸易港口成为合法的民间私商对外贸易的商港,这是以闽商为代表的中国东南沿海民众、欧洲商人的外在压力与朝廷内部的开明力量共同作用的结果;在此三股力量中，主体力量无疑是东南沿海民众的顽强抗争与生存智慧，也正是有闽商与东南沿海民众的共同努力，才有了原产地在美洲的烟草的传入，进而促进了烟草在全中国乃至全世界的贸易。

烟草作为外来物种，它的原产地在哪里呢？它的原产地还不是吕宋，而是南美。南美的烟草又怎么到了吕宋呢？这要回顾 15 世纪欧洲人的大航海。欧洲人的大航海，其实是怀揣着梦想在波浪上追逐财富。他们怀揣的梦想来自哪里？元朝的时候有一个欧洲人，他的名字叫马可·波罗。马可·波罗是意大利人，元朝的时候他在中国当了 17 年的官，最后从福建的泉州乘船回去了。回去以后，他就把在元朝中国的所见所闻，特别是对中国财富的震撼口述给其他人，由其他人记录下来，这就是著名的《马可·波罗游记》。

《马可·波罗游记》给当时处于农业文明时期、物产很贫瘠的欧洲人展现了一个富裕无比的东方国家的形象。应该说，关于元朝的《马可·波罗游记》为 15 世纪以后开始全球大航海探索的欧洲人心里设计了从海外获取财富的蓝图。但是，无论是葡萄牙人、西班牙人，还是后来的荷兰人和英国人，要获取的中国的财富，在今天的中国人听来有点不可思议。其实，他们当时需要的是中国的农产品和手工业制品，也就是中国的茶叶、丝绸、瓷器。当年，这些东西是全世界的奢侈品，特别是欧洲人的奢侈品。所以，欧洲人在全球布局，就是为了能获取中国的这些农产品和手工业制品。

为什么要进行全球布局呢？第一，欧洲人没有物产可以跟中国人进行交换。当时的中国人只希望获得一种东西，那就是白银。欧洲自己不生产白银，白银的大量储备在哪里呢？在南美。西班牙人在与葡萄牙人的竞争中后来居上，就是因为他们歪打正着地来到南美，获取了大量白银。西班牙人获取了白银之后，在很长一段时间内成为世界第一强国，他们运送白银横跨太平洋到达菲律宾，在此和中国的闽籍商人进行贸易。同时西班牙人装着白银的大帆船跨过大西洋到达欧洲，再把白银卖给荷兰人、葡萄牙人、英国人，也就是那些希望跟中国商人贸易，希望获取中国货物的欧洲各国人。在白银的大宗贸易背后，烟草、番薯、花生顺着这条贸易航线从南美到了菲律宾。到了菲律宾之后，它们自然就成为中国海商熟悉的对象，像带回番薯、花生一样，中国海商也把烟草带回自己的祖居地，并且试种成功了。从这里可以看出，是海洋贸易把世界上不同原产地的物产，变成不同民族都能够分享的世界商品。

六 土楼姓"土"也姓"洋"

土楼是中外文化对话的产物。

以闽商为代表的中国东南沿海的民众通过漳州月港进行全球商品贸易，正因如此，才把原产地南美的烟草引入中国。当时，烟草引入中国是有很多正面的积极意义的。因为，在中国，烟草是当时生活的"特需品"。为什么是"特需品"呢？因为在气候潮湿闷热的南方，烟草是作为药来使用的。不只是东南沿海，包括两湖流域及现在的西南区域，这些区域沟壑、江湖众多，湿气非常重，水中和潮湿的泥土中对人体有害的微生物也特别多。所以，生活在这个区域的人民饱受皮肤病、肠胃病之苦。在明清时期，烟草传入中国之时，烟草就成为南方人民抵御这种被北方人认为是瘴气的疾病的"药物"。今天，在云南，还可以看到这味药的存在，它的名字就叫"烟膏"。在中国北方区域，烟草是作为麻醉剂来使用的。在西药传入之前，烟草是非常重要的麻醉剂之一。

正由于福建的烟草品质非常高，福建生产的烟草在全国市场都是供不应求的。由于烟草的商品属性明显，利润高于粮食与蔬菜等物品，农民把相当一大部分烟草作为商品出售，加快了烟草商品化的进程。明末，明廷曾两次禁烟，清太宗入关之前为节约开支也曾实行烟禁。但是，当时在烟草产区的漳泉、莆仙、永定等地已初步形成烟草市场，人们通过赶墟（集市）的方式，以烟换物，或者换取货币，但因为烟禁交易量较小。清初，烟禁逐渐松弛，福建烟市日渐繁荣，已具备相当的规模，买卖双方当面看货议价成交。陈琮《烟草谱》记录了一派繁盛的烟市交易景象：今闽地于五六月间新烟初出。远商翕集，肩摩踵错，居积者列肆敛之，懋迁者牵牛以赴之。村落趁墟之人莫不负挈纷如，或遇东南风，楼船什百，悉至江浙为市。① 闽商不仅引入烟草，而且发展出高超的烟草种植技术，烟草中顶级的品种——"金丝"烟是福建的名牌产品，后来更成为烟草的代名词。到了明代末年，福建的烟草"反多于吕宋"，并已出口吕宋，"载入其国售之"。

一方面是其他地方的商人络绎不绝地前来收购烟草；另一方面，福建烟草商人也纷纷走南闯北，推销烟草。同时福建人不仅在自己的家乡种植烟草，也把烟草带到了北到黑龙江、南到海南岛的广大区域里进行种植，把烟草推广到各个区域。

清代，福建晒烟的品质和跨省经销情况，据康熙《漳州府志》记载如下："甲于天下，货于吴、于越、于广、于汉，其利亦较田数倍。"出现了跨越多个省设店的大烟商，如明末清初南靖的庄氏家族远赴甘肃兰州设烟店，在当地种植、加工、销售晒烟。

清初，福建永定烟商纷纷前往商业繁荣的苏州、扬州一带开拓条丝烟市场。为打开销路，永定烟商每天身背"长颈鹅"水烟袋和长杆旱烟袋以及条丝烟，走街串巷，请人品吸。经过相当的时日，吸过的人慢慢发觉条丝烟不但气味清香，而且能提神，因此互相传扬；条丝烟逐渐风靡，销量大增。当时，人们戏称条丝烟推销员为"福建烟鬼仔"，经营条丝烟的商店为"烟鬼仔店"。据传，乾隆皇帝下江南行至扬州时，见人们手捧烟袋吸食条丝烟，悠然自得，十分惬意。乾隆皇帝吸后大为满意，于是对店主说："你们的烟丝真是好极了，不过店名'烟鬼'，欠雅一点，我为你改成'烟魁'

---

① 中国烟草工作编辑部：《中国烟草史话》，中国轻工业出版社，1993。

吧!"几天后，当地府衙忽然派人送来一块牌匾，并要店主设案焚香，叩首迎接。揭开布帘，始知为御赐招牌，上面赫然写着"烟魁"两字。"烟魁"之名顿时轰动扬州，传至全国。从此，永定条丝烟包装时，封面上都印有"烟魁"两字。几百年来，相沿成习。①

在国内，通过闽商商贸网络的运作，福建的吸烟习俗逐渐传到北方，方以智在其《物理小识》中说："万历末，有携至漳泉者，马氏造之，曰淡肉果。渐传至九边，皆衔长管而火点吞吐之，有醉仆者。崇祯时严禁之，不止。"② 北方寒冷，士兵靠吸烟取暖，所以吸烟在北方流行很快。明末北方市场上烟价很高，王逋说："烟草出自闽中，边上人寒疾，非此不治。关外人至，以匹马易烟一斤。"③ 用一匹马，才能换一斤烟草，可见当时闽烟之珍贵。

在上海中国烟草博物馆里，陈列着一幅《康熙六旬万寿庆典图卷》复制品，图卷中描绘了 18 世纪初北京城西直门至皇宫的一段街景；其中"石码名烟"标志便出现了十几次，由此可以推想康熙年间京城里"石码名烟"商铺之盛。这里的"石码"是烟草最早传入地——漳州石码，其优质烟草在闽商的有效行销之下，成为当时烟草界的名牌。在明末至清代，石码一直是闻名全国的烟丝产地。清代倪朱谟在《本草汇言》中说："烟草……闽中石码镇产者最佳。"光绪年间的《杭州府志》也记载着："（烟）本产于闽，以石码为最。"

清初，郑成功军队远征台湾时，石码、长泰等地以当地所产的乌厚烟供应军队，成为中国大陆成品烟销售台湾的开端。道光初年，石码人刘锡我在乌厚烟基础上，采用上等烟叶，创出麒麟烟牌

---

① 福建省档案馆编《近代福建社会掠影》，中国档案出版社，2008，第 128 页。
② 方以智：《物理小识》卷九《草木类》，文渊阁四库全书，第 38 页。
③ 王逋：《蚓庵琐语》，载谢国桢编《明代社会经济史料选编》中册，福建人民出版社，1980，第 74 页。

号，以麒麟为商标，产品除了在当地销售外，还积极输入台湾。石码还产金丝烟，与乌厚烟同样采用各地优质烟叶，远销海内外，民间传有"石码金丝烟，海澄双糕润（著名小吃）"的美谈。光绪年间，仅石码镇就有烟庄 20 余家，其中华山烟庄雇工 100 余人。光绪二十二年（1896 年），石码烟丝试销东南亚获得成功，短短几年之内，便畅销新加坡、马来西亚、巴城、井里汶、梭罗、三宝垄等东南亚地区。

烟草，原产地在南美，在海洋贸易的带动之下来到了东方，在福建人的精心培植之下在整个中华大地推广开来，同时还成为反过来外销出口的产品。在这个过程中，烟草不仅随着商人的足迹在东西方不同国家之间游走，带来不同的利益和附加值，而且非常重要的是，经营烟草的闽人聚集了大量的财富，在财富的推动之下，他们把元初存在于闽西南的先住民简陋的生活方式精致化、艺术化，把它推到了建筑史上的新高度，成为今天中外建筑史上罕见的建筑精品和建筑标本。从这个角度来说，土楼是中外文化对话的产物。

土楼很"土"，因为它是闽西南的先住民最早的抱团生存方式，是闽西南人民与自然环境相适宜的一种民居；它很"土"，是我们本土的东西。土楼也很"洋"，在它身上处处可以看到外来物产的身影——烟草在当地社会生活中独特的作用，产生了一种新的产业，出现了新的经营族群，产生了财富的积累，延续了本土的文化，使这个本土文化朝着精致化的方向发展。所以说土楼很"土"，也非常"洋"，它是中外文化对话的产物。

第 六 章

南音是中原古典音乐吗？

一　从《罗密欧与朱丽叶》到《陈三五娘》

《罗密欧与朱丽叶》是大家熟悉的英国戏剧作家莎士比亚的作品。在东方，它有一个姊妹篇——南音代表作《陈三五娘》。那么，这两个剧本到底有什么关系，为何说它们是姊妹篇呢？

《罗密欧与朱丽叶》剧本的完成者是英国的莎士比亚。威廉·莎士比亚是文艺复兴时期的英国作家，但是，这部剧的发生地点不是英国，而是意大利的维罗纳。维罗纳是个什么地方呢？维罗纳位于意大利北部阿迪杰河畔，距"海上丝绸之路"的重要港口威尼斯只有65英里。罗马帝国时期以来，维罗纳就是欧洲大陆向地中海进行贸易的重要枢纽，与威尼斯一样。维罗纳在2000年被联合国列为世界文化遗产，它是历经不同时期不同文化留下的一个遗址。"罗密欧和朱丽叶"是一个在维罗纳民间流传很久的故事：两个当地的望族由于商业上的纠纷而有世仇；然而，它们的后代罗密欧和朱丽叶却彼此相爱，为了爱情，他们愿意放弃自己的族姓。罗密欧和朱丽叶为爱而死，两个世仇之家终于尽去前嫌、握手言和。

《陈三五娘》又是什么样的一个故事呢？《陈三五娘》发生的地点同样是"海上丝绸之路"贸易的地点和地区——从福建泉州到广东潮州。在古代，上元节（元宵节）是非常热闹的日子，包括平常那些不能出去游玩的大家闺秀都可以出来游玩。在某一年上元节的灯会上，泉州的英俊小伙子陈三与富家女子黄五娘邂逅相遇，互相爱慕。但黄父贪财爱势，将女择富待嫁，五娘满腹愁苦，陈三乔装磨镜匠人，进入黄府，五娘在绣楼投以荔枝和手帕示情。陈三故意将所磨的镜子摔破，称愿卖身为奴以赔宝镜。后得丫环益春相助，二人私奔回泉州。他们私奔后被抓。陈三被发配到了崖州（今天的海南岛）。最后，五娘自杀，陈三知道以后伤心绝望而死。

这种情节安排与《罗密欧与朱丽叶》有诸多相似之处。第一，两个主人公都是不顾家族、社会地位的禁锢，至情至性追求爱情的年轻人。

第二，男女双方都是一见钟情，彼此非伊人不娶（嫁）。如罗密欧初见朱丽叶时的言语：

> 啊！火炬远不及她的明亮；
> 她皎然悬在暮天的颊上，
> 像黑奴耳边璀璨的珠环；
> 她是天上明珠降落人间！
> 瞧她随着女伴进退周旋，
> 像鸦群中一头白鸽蹁跹。
> 我要等舞阑后追随左右，
> 握一握她那纤纤的素手。
> 我从前的恋爱是假非真，
> 今晚才遇见绝世的佳人！

朱丽叶则说：去问他叫什么名字。——要是他已经结过婚，那么坟墓便是我的婚床。

在嘉靖、万历等各本戏文中，陈三见到五娘后，想方设法接近她，而故意打破宝镜将身赔价，求为黄家奴仆。陈三向五娘求爱，甚至不惜以下跪的方式，真正拜倒在"石榴裙"下，而五娘半推半就。陈三不顾"男人膝下有黄金"，而称因"礼下于人，必有所求"。

海上看中国

第三，男女主人公都双双殉情。我们还记得罗密欧与朱丽叶这一对情人是怎么在信息不对称的情况下产生的悲剧：朱丽叶假死，罗密欧在没有得到神父给他的指令之时，以为朱丽叶真的死了，就自杀了。醒过来的朱丽叶看到自己的爱人已经气绝身亡，随之自杀了。所以，这种爱情悲剧在中国传统爱情剧里是少见的，我们只要将其与王实甫的《西厢记》一对比就能看出差别。

东西两方的两个不同地域发生的故事，却有如此多的相似之处，称之为姊妹篇并不过分。这给了我们什么暗示呢？《罗密欧与朱丽叶》最后的完成者是莎士比亚，但是早在莎士比亚把罗密欧与朱丽叶的故事写成剧本之前，该故事就在意大利的维罗纳广为流传了。即曾经真实发生的故事后来变成口头的传说，然后被莎士比亚记录下来。而《陈三五娘》的剧本没有署名作者。它是作为明传奇被记录下来的。可以推测，《陈三五娘》的故事脚本要早于明代，在宋元期间。宋元，是中国东南沿海海外贸易非常繁盛的时代，当年就孕育了这个故事的原型。那是众多的维罗纳商人和威尼斯商人都云集在以泉州为中心的中国东南沿海的时代，同样也是众多的中国商人在威尼斯和阿拉伯经商的时代。那是一个世界的多元文化、多样化物产、不同信仰的人群在海上互相追逐、互相碰撞、互相对话的时代。中国的唐宋元时期跟欧洲的文艺复兴和新兴的资产阶级通过海外贸易兴起的时代基本一致。莎士比亚生活在 1564～1616 年。这是什么时代呢？这正是中国的晚明时期。在这个时期，整个中国东南沿海与中原内陆气象完全不同，漳州月港的开放、福州的"三山论学"① 表明东南沿海已成为多样化物产、不同信仰的人群和多元文化互相碰撞交流对话，进而产生新的思想和新的文化的区域。《罗密欧与朱丽叶》产生的意大利的维罗纳和《陈三五娘》产生的中国的泉州——潮州都是"海上丝绸之路"的重要港口，一个

---

① "三山论学"指意大利传教士艾儒略与明末名臣相国叶向高在福州谈论中西文化观念事。福州即三山，天主教当时称天学，因此名为"三山论学"。

在东方，一个在西方。这两个姊妹篇告诉我们：东西方人民，在共享不同区域物产的同时，精神是互通的、文化是共享的。这也是不少欧洲和阿拉伯学者认为《陈三五娘》与《罗密欧与朱丽叶》就是在文化交往之中、一个文化主题延伸出来的两个不一样的文化样式的原因。

二 《威尼斯商人》在中国

《威尼斯商人》是一部中国人更为熟悉的莎士比亚的剧本，为什么呢？因为这个剧本出现在中国大陆的各种中学教材里，人教版、苏教版还有鄂教版。在九年级的教材里都留下了莎士比亚的《威尼斯商人》剧本的一个很关键的片段——第四幕的第一场，也就是法庭要审判夏洛克可不可以切下安东尼奥身上的一磅肉的"法庭斗智"一场。莎士比亚的《威尼斯商人》跟中国有什么关系呢？其实，这个作品留下了两个关于东方（中国）的线索。第一条线索就是要被切下一磅肉的主人公安东尼奥。安东尼奥之所以敢用自己身上的一磅肉为抵押向高利贷者夏洛克借钱，是因为他有一个商船队，他的商船队长期以来都在世界不同的港口上穿梭。其中，最重要的是他有几艘船长期与东方（中国）贸易。虽然在莎士比亚的剧本里没有写明东方在哪，或者是东方哪个口岸，但是，威尼斯商人所生活那个时代就是中国的宋元时期。宋元时期非常繁忙的东方第一大港，就是南音现在保存最好的地方——泉州。

另外一条线索是什么呢？那就是这场戏中的另外一个主人公——男扮女装的法官鲍西亚。鲍西亚是无法决定谁做自己的男朋友的，为什么呢？因为鲍西亚的命运早已被她的父亲决定了。她的父亲是《威尼斯商人》剧本里一个不出面的神秘人物。鲍西亚的父亲为她留下了巨额财富，但他规定了鲍西亚的对象由三个不同的盒子决定：一个盒子里装着鲍西亚的照片，其他两个盒子里没有，谁选中了有鲍西亚照片的那个盒子，鲍西亚就要嫁给谁。这个情节透露了什么呢？在文艺复兴宣扬个性宣扬自由恋爱的时期，女主人公对自己的终身大事、对自己的恋爱却受到了东方式的约束，那就是"父母之命，媒妁之言"。这告诉我们：威尼斯商人创造财富的时候西方和中国的必然关系。在那样的时代里，东方的中国跟威尼斯的欧洲不仅仅只有物产的往来，同样也具有文化和人员的交往。这一点也可以从另外一个真实的人物马可·波罗身上看到。马可·波罗出生于威尼斯，威尼斯在西方的文化史上有一个独特的称呼——看东方之窗。马可·波罗在元代的时候就跟他的父亲和叔叔通过"丝绸之路"来到中国，并当了元代的官员，时间长达17年。最后，他是在泉州这个重要的"海上丝绸之路"的口岸护送公主远嫁波斯，然后才回到自己的家乡。所以，从这里可以看出，威尼斯商人把对东方的贸易作为发财之路。同样，威尼斯商人中也有马可·波罗这样的人，进入元代的中国，并且在元代的中国定居了17年之久。

还有另外一群外国人留下来了，比如泉州地区的文化名人蒲寿庚和明代思想家李贽的祖上。蒲寿庚原是阿拉伯侨民后代，其先人原居广州，后移居泉州。蒲氏家族以海商为业，南宋末年垄断泉州香料海外贸易近三十年。宋咸淳十年（1274年），蒲寿庚击退了南海一带的海寇，因功入仕，任泉州提举市舶使。从此，蒲寿庚亦官亦商、官商合一，以"合法"方式经商获得财富，"以善贾往来海上，致产钜万，家僮数千"。德祐二年（1276年），南宋朝廷退到福州，得到蒲寿庚帮助得以继续在闽广沿海地区坚持抗元。蒲寿庚升任闽广招抚使，兼主市舶，拥有更大的权力。元廷若能招得蒲寿庚，既能严重削弱残宋的海上力量，又能借蒲氏之力给残宋毁灭性打击。因此，早在攻陷临安前，元军就曾招抚蒲寿庚，未果。景炎元年（1276年）十一月，元兵入福建后，蒲寿庚改变了先前的态度，关闭泉州城门不迎接躲避元军的南宋皇室，而派亲信秘密出城，迎接南下途中的元军。蒲寿庚降元，并以所拥有的海舶交元军进攻残余宋师，走投无路的陆秀夫背着南宋小皇帝投海自尽。元廷封蒲寿庚为昭勇大将军（后改镇国上将军）、闽广都督兵马招讨使兼提举福建广东市舶。蒲寿庚是宋元两朝官商合一的最大成就者，他身上具有明显的重利轻义色彩，以封建社会的道德标准衡量蒲氏，他是个十恶不赦的罪人，以商人的标准看，他是个成功人士。经济利益至上的观念已经深深的融入蒲寿庚的处世哲学中，在战争中保住自己的经济财产免受巨大的损失是他首先要考虑的问题，但客观上他的行为使泉州港避免战争创伤，使泉州港在元代成为东方第一大港，蒲寿庚功不可没。

李贽出生在宋元以来有着深厚的多文化传统的国际商业大港泉州，就像达·芬奇出生在意大利的佛罗伦萨一样。国际化的商贸活动所携带的多元文化交流必然要催生出一个时代最先进的文化。李贽家族的多元文化与经商背景几乎就是泉州城的一个缩影。李贽出身于一个商人世家，其二世祖是泉州巨商，娶色目女为妻。他的四世祖与五世祖都是海商，主要经营福建与琉球、日本之间的贸易，并做过通事（翻译）；李贽的家族中有不少人和西亚血统的伊斯兰教徒通婚，与许多闽商的家族一样，是彻底的国际化大家庭。到了李贽父亲这一代，由于政府的海禁政策，只得弃商从儒。后因家道中落，李贽的父亲成为一个教书先生。李贽父亲的这一选择使得中国历史上少了一位无名的海商，却有了一位替海商代言的思想家李贽！

身上流淌着福建海洋文明血液并有着浓厚商业传统的李贽愤怒于封建思想的杀人本质，希望能为世人建立一个自由的精神世界，使天下人能够做回自我，体现本色。李贽举起了晚明启蒙思潮的大旗，以"与千万人为敌"的勇气，向被封建统治阶层曲解的儒学发起了猛烈攻击。李贽首先致力于打破对孔子的偶像崇拜，提出了

"不以孔子是非为是非"的认识论思想；认为"咸以孔子是非为是非"，实际上就是没有是非标准，从而造成了"千百余年而独无是非"的局面。面对人的"自我"的缺席和价值的迷失，李贽提出了"童心说"，他认为"真心""童心"是最根本的概念，是万物的本源。"真心"就是童心、初心，即不受外界影响的"我"的心，它主宰一切。正是基于对人性的肯定，李贽反对以"灭人欲"为核心的封建思想，并以"异端"自称，成为明清时期闽商精神最具典型意义的代言人。

讲到泉州，不仅有威尼斯人马可·波罗在中国长住，甚至成为了中国人的一部分；而且有一群中国商人，沿着海洋贸易线到了西方的欧洲，并且成为西方威尼斯人的一部分。《威尼斯商人》中女主人公鲍西亚的父亲，这个一直未出面的神秘人物或许就是这样一个人。所以，鲍西亚的非典型的西方风格里带有一点东方文化的色彩，或许鲍西亚的父亲就是一个早期到意大利的华侨或者华商，这就是《威尼斯商人》给我们的启发。《威尼斯商人》跟《罗密欧与朱丽叶》一样，是一个早已发生在威尼斯的民间传说故事，后来被莎士比亚再创作为剧本。

三 《一千零一夜》

7～13世纪是阿拉伯人与中国为主要力量推动的"海洋亚洲"时代，不同的文化不断地随着物产、人员的交往产生融合、对话，这时期主要有伊斯兰教、佛教以及中国本土道教等宗教和文化在中国东南沿海各主要港口交流、碰撞。

海洋贸易使得大量的外国人、传教士随着贸易船只涌入了泉州，形成了中华海洋族群里新的成员：蒲寿庚和明代思想家李贽祖上等人就是在宋元以来通过"海上丝绸之路"进入了泉州，而且成为泉州海洋族群里的新成员。从宋代九日山祈风仪式上也可以看出当时人员交往的盛况。宋代的泉州，市舶司每年都要在九日山举行两次祈风仪典。第一次在春天，春天祈风的原因在于：春天是祈求南风早日来临，外海来的番商——主要是阿拉伯客商返程，祈求去向北洋回归的商人平安返航。秋天也要进行祈风，秋天祈风是为什么呢？第一是为了让往东南亚贸易的商人一路顺风，同时也迎接去北洋的商人回航。北洋包括中国的北部地区、现在的朝鲜和日本。而广州市舶司每年只有春季祈风一次，秋天不祈风。其原因在于：广州人一般不到海外贸易，他们只需等待番商前来交易。在古老的海上贸易里，许多中国籍商人到了威尼斯成为威尼斯商人。海洋贸易同样也把阿拉伯族群和威尼斯人带到泉州成为中国的海洋族群的一部分。

物产与人员及文化的密切交往会在人的精神领域，比如像文学创作这样的领域，留下很多痕迹，通过阿拉伯民族的《一千零一夜》，我们来看看这些故事里所展现出来的海洋贸易，特别是与中国进行的海洋贸易留下的文化痕迹。《一千零一夜》跟《陈三五娘》一样也是从口头传说慢慢地被记录下来的文学作品。它跟《陈三五娘》一样没有作者。这个作品中的故事发生的地方值得注意，故事发生在一个叫作"萨桑国"的地方。"萨桑国"实际上是在印度与中国之间，这是一个有意思的地理区域，它说明了其实中国和印度都是当时跟阿拉伯族群共建 13 世纪海洋亚洲的重要的族群。《一千零一夜》里有个浪漫的故事《戛梅禄太子和白都伦公主的故事》，故事里的男主人公戛梅禄太子因为阅读了许多关于妇女狡猾欺骗行为的内容，所以觉得妇女讨厌可怕，不愿意结婚。即使国王再三督促也无济于事。女主人公白都伦是中国境内一个海岛的公主，因为觉得自己"贵为公主，属于统治者，是治人的，我不要被治于人"，也不愿结婚。他们两人在仙女和魔鬼的帮助下，白都伦公主被搬到戛梅禄太子被囚的炮楼，两人在半梦半醒之间交换了戒指，认定对方是自己的如意郎君（夫人）。事后白都伦公主被送回自己的国度，两人醒来后不见对方，都害上了相思病，日渐憔悴，几乎没命。白都伦公主儿时的伙伴、奶娘的儿子两地奔走，最后使有情人终成眷属，戛梅禄太子到中国迎娶了公主。这个故事有趣的是女主人公白都伦是中国境内一个海岛的公主，她"天生丽质，窈窕美丽，天下无双"。男主人公戛梅禄太子是个虔诚的穆斯林，每天朗读《古兰经》中的"黄牛""仪姆兰的家属""国权"等章节，他们两人的结合是中外通婚、穆斯林与非穆斯林的婚姻。虽然不能把小说当正史看，中国境内的海岛没有存在过独立的政权，但外国男穆斯林与中国非穆斯林女子的结婚在中国的广州、泉州确实存在。

　　《一千零一夜》还给我们塑造了一个非常了不起的英雄，那就是环游四海的辛巴达。辛巴达的原型其实是当年阿曼地区著名的航海家，这个航海家叫艾布·欧贝德·卡赛姆。《一千零一夜》写到了辛巴达环游四海，有一次就到了广州，这个故事启发了辛巴达的追随者，并把他的故事变成了史实。1980 年 11 月 23 日，广州迎来了一个远方的客人，他就是阿曼人赛弗林。他想验证一下《一千零一夜》中所写的辛巴达航海历险的故事的真实性，就驾驶一艘仿造的古木帆船，以他出发的地点马斯喀特海军基地"苏哈尔"命名，沿着当年的"海上丝绸之路"航线，经过 7 个月的艰辛旅程，到达中国广州。中国外交部、广东省和广州市在黄埔港举行了隆重的欢迎仪式。广州市政府为此次航行还专门建立了一座纪念碑。由此可以看出来：这就是传统文学故事在现实生活中的一种真实反映。无论是《一千零一夜》还是《罗密欧与朱丽叶》，还是《陈三五娘》都有共同的特点：它们在口头传说历史事实的陈述过程中有一个漫长的过程，是以大量历史事实为基础；史实变成传说，传说被后代记录成书，成为文学作品。在记录的过程中，《罗密欧与朱丽叶》与《威尼斯商人》因为借用了英国文豪莎士比亚之手，所以许多人都认为是莎士比亚的原创。其实不然，是莎士比亚把民间早有的故事经过改写、赋予当年的时代精神，然后成为世界名著。《一千零一夜》和《陈三五娘》没有最后陈述的作者，但是，并不排除这样一个事实：那就是在"海上丝绸之路"上或者通过海洋进行物产交换的贸易中，人员不断对话和进行文化交流，在这一过程中，不同的民族、不同族群的人民都能分享精神与文化产品，并不断融合。

四 南音中的古代波斯文化因素

南音作为世界文化遗产，一直被认为是保留了中国古代中原特色的古乐。其实，南音在它的艺术层面上与中国其他的音乐并不完全相同，无论是命名、乐器，还是表演形式都存在一些差异。为此，我们需要援引海外汉学家施舟人先生对南音的几点研究意见。施舟人曾经对南音中的外来影响有过深入的分析，主要包括两个方面：一是如何理解南音这个词的概念，二是从南音的艺术形式上寻找它跟中古波斯音乐的关系。

为什么产生在泉州的这个音乐形式被命名为南音呢？施舟人对此提出了四个观点。第一，在中国的各种音乐形式的命名上，有着将其同诞生地联系起来的习惯，如湖南梆子、潮州戏、江南丝竹等，都遵循了这一规律。但是，南音作为泉州或者是说闽南地区出现的音乐，又叫南管或弦管，其命名跟闽南地区的泉州、漳州、厦门等地名没有任何关系。据此，施舟人的第一个观点认为，或许对于福建人来说，南音不是福建本地的音乐，而是从南洋来的。第二，有些台湾学者认为南音的命名是因为泉州在中国的南部。北方音乐"乱弹"在清代传入福建以后被称为"北管"，为了跟"北管"相区分，把之前就存在于福建的本土音乐称为"南音"。这种说法强调的是南音作为南方的戏剧的本土的因素，而不是跟北方的中原古乐的关系。南戏是明代最流行的戏剧形式，而南音的唱词跟南戏的唱词是一样的，因此南音可能是由音乐被代替之后的南戏而来。第三，在南音这一音乐系统中，不仅南音的名称不确切，由南音演变出来的名称也值得怀疑。由南音演变出来的剧种叫作"梨园戏"，还有一些民谣叫"太平歌"，但是，梨园不过是中国人对戏剧界的另一种称呼，而中国民间所有的庙会和庆典活动所唱的歌谣都可以被称为太平歌。跟南音一样，梨园戏和太平歌的名称也都与泉州没有一点关联。第四，虽然南音历史上由泉州向外扩散，目前在泉州保存得最好，但它绝不是一种地方戏剧。基于以上四点，南音有很多在其他中国戏剧里找不到的因素，它被称为南音，是因为它是从南方的海洋上来的。①

施舟人还从南音的表现形式上分析了南音是外来文化的观点。他认为南音代表着一种非常高层次的文化。戏子在中国传统人群分类里属于下九流，是一个很不被人看得起的职业，在这种职业圈中，产生不出创作南音所需的高素质人才。据此，施舟人提出，南音最早是宋元时期来到东方的贸易之都泉州进行贸易的波斯商人从家乡带来的音乐，他们在异国他乡重拣家乡的音乐，聊以慰藉自己的乡愁。

为了证明这一观点，施舟人把今天在南音演奏中几个非常重要的乐器跟中古时期的波斯乐器进行了比较。南音的主奏乐器琵琶与一个叫作"瑟拓"的传统波斯乐器相类似，不是中国传统的乐器，传播路径的不同，造成了中国北方竖弹琵琶与南音中横弹琵琶的不同。敦煌石窟上的人物是横弹琵琶，可见横弹的演奏方式更接近其原生的波斯文化。文化通过陆路从 A 处传到 B 处存在一个耗散的过程——原来的属性慢慢减少，所在地的属性逐渐往上叠加，最后琵琶就从横弹变成竖弹了。而在海洋贸易的交互过程中，从一个码头装上的货物到了下一个码头仍是完整的，不存在耗散的问题，南音

---

① 施舟人：《"海上丝绸之路"与南音》，《闽都文化研究》2004 年第 2 期。

的原始形态也得以保存。因此，在"海上丝绸之路"的重要港口泉州地区，还能看到跟波斯古代乐器更接近的琵琶弹奏方式。施舟人进行比较的乐器还有二弦和洞箫，它们分别同波斯的乐器卡曼查和纳乙相似。在施舟人的研究里特别提到一种乐器的流传，是一种类似西乐的双簧管的乐器，叫作"暖仔"，在元代传入中国。元代是中国历史上一个重要的时间节点。在这一时期，大量的波斯文化通过蒙古人被带到了中国，同时从一个方向传往欧洲；这是世界文明传播史上公认的事实。南音和欧洲中世纪行吟诗人所唱的音乐有很多相似之处，因为它们有共同的源头——中古时期的波斯宫廷音乐。

施舟人还谈到了南音基本的乐队形式，其中有两部分值得注意。一方面是坐唱。中国绝大部分传统戏剧都是唱念做打，各种套路都有。但是，南音基本上以坐唱的形式出现，这在中国的戏剧里比较少见。而且，南音每一个坐唱的位置都是固定的，其位置又与波斯宫廷乐队的位置是基本相同的。另一方面是以管弦乐为主。南音有一个独唱的歌手，站在后部，具体位置就在琵琶演奏者的右侧，在洞箫演奏者的左侧。挨着琵琶演奏者的是三弦演奏者，挨着洞箫演奏者的是二弦演奏者。歌手在演唱的同时还要敲击拍板来指挥整个乐队。整个基本形式跟中古波斯的宫廷音乐非常相似。[1]

施舟人的这个观点开启了看南音、看中国文化的另外一扇门。长期以来，中华文化都建构在960多万公里的陆域面积里，并且一直在自己的文化中单细胞繁衍。在以前的知识结构里很难看到中国文化与世界文化的对话关系——中国文化不影响别人，外国文化也不影响中国文化。在今天全球化的时代，需要突破陆地的限制，从全球化的多元文化交流的角度来看，其带来的启发要比原来的单一

---

[1] 施舟人：《"海上丝绸之路"与南音》，《闽都文化研究》2004 年第 2 期。

视野要多得多。看待中国的每一处文化，特别是像中国东南沿海这么一个长期以来保持跟世界多元文化交流的区域，应该戴上一副蓝色的眼镜，既从黄色的眼镜来看，也从蓝色的眼镜来看，这样才能恢复中华文化多元化的、多样化的色彩。

第六章　南音是中原古典音乐吗？

第 七 章

明朝公主嫁给马六甲苏丹?

一 "明朝公主下嫁"

中国的王便吩咐李宝备一队船舶护送公主（即汉丽宝）往满剌加（马六甲）去，一共有一百艘船，由一位高级官员名叫第保的统领。中国的王又挑选了五百名极美丽的官家小姐为公主的侍婢。……当他们抵达满剌加，苏丹芒速沙（即曼苏尔）得悉敦波罗砵补底已带着中国公主回来，不禁大悦，亲自到沙佛岛去迎接她。用了一千样仪仗来尊重她，护送她到王宫。苏丹一见中国公主的美丽不禁惊讶，用阿剌伯（阿拉伯）话说道："呵！造物中美丽至极了！愿造化的神祝福你！"①

这段文字出自《马来纪年》，《马来纪年》是马来西亚古典文学中最重要和最有影响的作品之一，被马来人奉为马来历史文学的经典。该书涉及的内容十分广泛：马来民族的起源、马来王朝的历史演变、马来民族伊斯兰化的经过，以及马来封建社会的政治、宗教、文化等多方面的情况。《马来纪年》不仅为巩固王权统治起到了重要的作用；而且汇集了不少马来民间文学的精华，其语言被视为马来古典文学的最高典范，是马来语言发展史上的一个里程碑，说它是马来民族的精神文化源头一点也不为过。

在《马来纪年》中，自然有不少内容叙述马来人与中国的关

---

① 《马来纪年》，南洋报社有限公司，许云樵译，1965，第 174~175 页。

系，书中的第五章至第十章较为集中。其中第九章讲述的是马六甲使者结束访华准备回国之时，明朝皇帝决定将汉丽宝公主许配给马六甲苏丹国王，以建立两国的友好关系，并派使者护送公主到马六甲。汉丽宝公主带了大批随从，包括500名婢女。她们到了马六甲之后，苏丹曼苏尔为汉丽宝的天姿国色惊叹不已，于是命她皈依伊斯兰教，迎娶入宫为王妃。"汉丽宝公主"就如《马来纪年》般在马来西亚、印度尼西亚等马来人区域家喻户晓，在不同的时期被改编为各种艺术形式，如话剧、大型歌舞剧、电影等。"汉丽宝公主"的形象也愈加丰满、立体起来。

苏丹曼苏尔统治的时期，正是马来王国最强盛的时期。汉丽宝公主给他生了两个儿子。她化干戈为玉帛，解决了许多外交危机。侍女们全部嫁给当地人，渐渐学会马来话并融入当地社会，成为华侨和移民。不料，野心家沙穆尔既垂涎公主的美貌，也垂涎曼苏尔的权杖，突然率军袭击了王宫，汉丽宝为了保护苏丹曼苏尔，以身挡剑而赴死。

这段来自《马来纪年》的故事没有透露汉丽宝经历了怎样复杂难言的人生，唯一可以确定的是：她牺牲于宫廷政变。而她的马来夫君和两个混血儿子都安然无恙。如今很多马来西亚华人都自称是汉丽宝的后代。

据《马来纪年》记述，苏丹王迎娶汉丽宝公主的时间是在1456年至1477年，而郑和卒于1433年，显然不是郑和将汉丽宝公主送到马六甲的。如果说汉丽宝公主是中国公主，为何中国人的典籍中却没有交代这名公主的身世呢？为何大量的中国明史文献中，竟找不到这位公主和她下嫁马六甲苏丹的蛛丝马迹？在中国史籍上，从来没有明成祖的女儿嫁到东南亚的记录，因此她很有可能是皇室宗亲的女儿，但中国史书对此也无记载，"汉丽宝"不一定确有其人。原因很简单，汉丽宝公主是从马来人自己写的文献《马来纪年》中走出来的。她不是"源自"中国宫廷，而是"典出"于马六甲王朝的一本古籍。不过，许多当地人还是相信在历史上确有其人其事，而且认为是郑和把汉丽宝公主带到了马六甲。至于公主的 500 名随从女仆，苏丹王则将她们全部安顿在了三宝山。马六甲西南山麓的菩萨提寺，即苏丹为公主所建，寺旁有一口井，名汉丽宝井，马六甲有过多次严重的旱灾，唯有这口井从不干枯。

　　汉丽宝的故事不仅折射出早在 600 年前中国就与马六甲交好的信息，而且反映了早期中国移民与当地民族联姻的史实。作者在写到汉丽宝公主嫁到马来王国时，显然用的是民间艺人描绘仙女下凡的笔法。著名的东南亚历史学家许云樵形容《马来纪年》由传说和神话杂凑而成，其历史价值远不及中国的演义小说。但因为它集合了马来文学的精华，因此其价值不在于历史，而在于它是马来唯一的记载了中国人的文献。

二 郑和下西洋

汉丽宝公主死后被葬在三宝山，也被称为中国山。中国山逐渐成为中国境外最大的华人墓地，有 12500 座之多，许多墓葬都可追溯到明代，据说汉丽宝墓也在其中，但至今未能确指。

三宝（三保，此两种说法都有）就是明代太监——郑和。郑和之所以为人所熟知，最重要的原因是其下西洋的壮举。永乐三年（1405 年）至宣德八年（1433 年），郑和率领庞大的由 240 多艘海船、27400 名船员和士兵及随从组成的船队七次远航，访问了 30 多个在西太平洋和印度洋的国家和地区，最远到达非洲东海岸和红海沿岸，加深了中国同东南亚、东非国家和地区的友好关系。宣德八年四月最后一次下西洋，在回程到古里时，郑和在船上因劳累过度去世。民间故事《三保太监西洋记通俗演义》将他的旅行探险称为"三保太监下西洋"。在马六甲城的三宝山下有保山庙，这是当地人们为纪念郑和访问马六甲而建，庙内供有郑和坐像。

郑和及其率领的船队对马来西亚的影响是很大的，而且还流传着许多动人的故事，"中国的寡妇山"就是其中之一。据说郑和第六次下西洋时，有一名先锋官叫杨云川，与当地酋长的女儿相爱，并按中国的习俗结为夫妻。两年后，杨云川回乡探视父母，并约定来年中秋节回来与妻子团圆。但是，酋长的女儿迟迟未等到他的归来。一天晚上，酋长的女儿梦见海神对她说杨云川搭乘的船被飓风击沉，已经遇难。第二天，她登上山巅，跳进了大海。后来，人们就将她跳海的那座山称为"中国寡妇山"。

关于郑和下西洋与中国东南沿海的关系，可以从以下四个方面来看。

（1）航线：宋代赵汝适的《诸蕃志》、元代汪大渊的《岛夷志略》是中外交通史上的重要著作，记载了以闽商为主体的中国海商到东南亚的航行路线。马欢三次跟随郑和下西洋，并撰有《瀛涯胜览》一书。将这两本古籍中的记载与马欢《瀛涯胜览》的记载相比较，可以看出，郑和下西洋的路线基本上是沿着闽商开辟的航线行走的。因此，可以说是闽人开辟的航线成就了郑和下西洋。

（2）人员：福建作为郑和七下西洋的驻泊基地和开洋起点，郑和率领庞大的舟师驻扎于长乐太平港，招募水手，修造船舶，补充给养，祭祀海神，伺风开洋。据有关专家考证，郑和下西洋所带的人员中有近1/3来自福建，他们在使团中担任各种职务。

（3）物产：郑和下西洋携带了大量物品，这些物品一部分用于使团自身的消耗，一部分则用来与航海所到国家进行物品交换。出于节省成本、交通不畅等诸方面的考虑，郑和船队所携带的物产大多来自东南沿海地区。

（4）宗教信仰：人员的流动，必然会使得以人为载体的语言、宗教信仰等发生转移，郑和下西洋将妈祖、猴子崇拜等东南沿海地区居民的宗教信仰传播到了航线上的重要国家和城市。

长期以来，学术界有一种声音，认为东南亚的华人华侨的源头是郑和下西洋所带去的随从。这是误区，因为郑和下西洋是组织严密的国家外事活动；在古代航海活动中，人员的职责与技能是相当稳定的。如果将视野扩展至全球，可以看到明代中后期出现的东南沿海大量居民向外迁徙的情形并不特殊，虽然与郑和下西洋无关，但的确是这一时期全球移民潮流中的一个部分——他们与大航海的时代相关。

三　闽人下南洋

　　在中国人的字典里，"下南洋"曾经是一个非常独特的词。在很长一段时间里，它与"闯关东""走西口"一样，饱含着浓浓的感情色彩。南洋的地理概念在明朝的时候就有了，主要是指包括当今东盟十国在内的广大区域。而广义的南洋还包含当今的印度、澳大利亚、新西兰以及附近的太平洋诸岛。东南亚自古以来便是我国东南沿海百姓移居海外的主要目的地。据《汉书·地理志》载："自日南障塞、徐闻合浦，船行可五月，有都元国……黄支之南，有已程不国，汉之译使，自此还矣。"①此处的徐闻、合浦即今广东徐闻县和广西合浦县，而"已程不国"即今日的斯里兰卡。马六甲海峡正是这些航程的必经之地。

　　唐朝，"海上丝绸之路"和"陆上丝绸之路"均达到鼎盛时期，作为"海上丝绸之路"的要冲，东南亚诸国已有中国移民的记录。但是，由于当时中国国势正隆，且政府支持人民开展海洋贸易，中国的海洋族群依季风而动、如候鸟般往返于东南亚与中国之间，因此，未能在东南亚区域形成移民族群，史书上对此的记录也很少。宋元之后，海洋贸易的增多促进了海洋移民的增加。在 15

---

① 《汉书·地理志》八下，转引自韩振华《公元前二世纪至公元一世纪间中国与印度东南亚的海上交通——汉书地理志粤地条末段考释》，《厦门大学学报》（社会科学版）1957 年第 2 期。

世纪初,东南亚的爪哇、苏门答腊等地已出现了华人聚居区。

大规模的东南亚华人族群形成于明朝,盛于清朝。明中叶,福建漳泉地区流传着"若要富,须往猫里务"的谚语,"猫里务"就是今天的菲律宾。欧洲人将全球化的商机推到了东南亚,它诱惑了一批又一批的商民不畏艰险前往菲律宾贸易。《马来西亚华人史》记载:"……中国商船均云集港内,每年初春顺西北季候风南来,夏季则顺东南季候风而返。其时,马六甲华侨大都来自闽省,男女顶结髻,习俗同中国,全城房屋,悉仿中国式,俨然为海外中国的城市。"① 随着欧洲商人带来的经贸繁荣,中国东南沿海特别是闽粤一带的华人纷纷迁徙东南亚;又由于国内的海禁政策,打破了海洋族群原先随季风候鸟般的生计方式而定居下来,或成为原住民与欧洲商人的商业中介,或将中国东南的精致农业带入当地。隆庆元年(1567 年),月港正式开放后,前往菲律宾经商的商民更是络绎不绝,除马来半岛外,吕宋(菲律宾)、婆罗洲和泗水(印度尼西亚爪哇)也有大量华人聚居。

当年,下南洋者多为男性青壮年,"落地生根"、与当地人民联姻乃自然状态;由此,并产生了新的族群——峇峇族群,即土生华人族群(他们的父亲为华人,母亲为当地原住民或其他族群女子)。我们以薛佛记为例,看一下土生华人在当地的影响。

薛氏家族的祖先在福建漳州漳浦县石榴乡东山村,从薛家后人保留的《东山薛氏族谱》看,薛氏族人已在该地繁衍了 17 代之久。直到清乾隆年间,薛佛记的父亲薛中衍与诸多漳州乡亲到马六甲谋生,由此,开始了至今 7 代的海外繁衍。在马六甲出生、葬于马六甲的薛佛记是海外生根的第二代。1819 年,新加坡开埠之后,包括薛佛记在内的一批福建籍商人纷纷登陆新加坡。从现存新加坡地政局(Land Office)契据及恒山亭碑文资料看,薛佛记至迟在 1826 年

---

① 宋哲美:《马来西亚华人史》,香港中华文化事业公司,1964,第 51 页。

就已来到新加坡。他在新加坡购置 7 大块土地，成为新加坡华籍最大富户。1828 年，薛佛记捐银 764.2 元兴建恒山亭。恒山亭是墓地、宗教场所、世俗事务处理场所，其董事会是开埠初期新加坡华人社会的最高领导机构，代表了福建特别是漳泉商人集团在新加坡的实力，而薛佛记又是该机构的大董事，这奠定了他在福建帮的领导地位，使他成为新加坡福建帮的开山鼻祖。在他任大董事期间所制定的《恒山亭重议规约》（1836 年），奠定了日后华族庙宇管理之基础。《恒山亭重议规约》的部分条规是以闽南话夹杂马来语、英语写成的。1843 年前后，薛佛记回到马六甲，荣任青云亭亭主，成为马六甲华人社会的最高首领。

在薛氏家族中，还有两个非常有影响的人物，他们是薛佛记次子薛荣樾的两个儿子。其中，薛荣樾的大儿子薛有礼创办了新加坡乃至东南亚最早的一份中文报刊《叻报》。次子薛有福参加了 1884 年的中法马江海战，是马江海战中清朝军队唯一牺牲的"外国人"。薛佛记的事迹曾长期被湮没，即使是薛佛记的后人，对于祖上的经历和成就也不甚了了。直到发现《东山薛氏家谱》（1963 年）及《新加坡华文碑铭集录》的出版（1972 年），薛佛记的事迹重现。学者们对此极为重视，进而肯定了薛佛记——这位早期新加坡拓荒者的历史地位。

以往所述的"下南洋"均是从大陆文化的角度出发，将他们看作一群背井离乡、饱受苦难之人。但是，站在海洋文化的角度回溯历史，从中可以发现向海外迁徙是中国海洋族群的长期传统。通过薛佛记家族的故事，复原东南沿海居民"下南洋"的历史，可以展示海洋族群生机勃勃的生命力和对美好生活的向往。

四 峇峇娘惹的生活习俗

　　早期，峇峇娘惹族群专指在新加坡、马六甲及槟城（统称海峡殖民地）出生的华人，而且其父系是华人，母系是原住民或其他族群的女性。这其实是英国殖民宗主国为了方便管理而强制进行的族群分类。随着东南亚诸国在第二次世界大战后的纷纷独立，土生华人的概念已经泛化，其所区别于其他族群的标识已经主要不是语言，甚至不是宗教和血统，而是主观上认为自己是华人的意识。包括印度尼西亚（以下简称印尼）的"帕拉纳坎"、马来西亚的"峇峇娘惹"、菲律宾的"梅斯蒂索"等混血后裔。[①] 其中，马来西亚"峇峇娘惹"的文化风俗上最为鲜明。

　　峇峇娘惹以及文化最早诞生于马六甲海峡区域，这与马六甲海峡独特的地理位置密切相关。马六甲海峡的重要港口马六甲位于马来半岛西南面，与苏门答腊岛遥遥相对，北部与森美兰州交接，东部则与柔佛州相连。新加坡岛位于马来半岛南端之马六甲海峡的东侧，"西以苏门答腊为蔽，南以爪哇（哇）为屏，东以婆罗洲为障，四面环水"，[②] 具有相当重要的战略地位。马六甲海峡是连接印度洋和太平洋、亚洲与大洋洲的"海上十字路口"，自古以来就是

---

① 庄国土：《论东南亚的华族》，《世界民族》2002 年第 3 期，第 41 页。
② 李钟钰：《新加坡风土记》，南洋珍本文献之一，新加坡，1973 年重刊本，第 1 页。

东南亚地区乃至东西方海上交通的要冲之一。由此可见，马六甲本身就是世界海洋贸易和海洋文化的典型代表，这成为峇峇娘惹文化诞生的本土文化资源。

中国海洋文明有自己独特的起源、特点和谱系特征，"中国传统海洋文化有其自身的起源、发展的脉络轨迹，农业文化、游牧文化、海洋文化各有其不同的源头，它们共同构成了以农业文化为主的中华文化多元一体的文化格局"。① 而以中国的东南地区为策源地，形成了一个海洋文化繁荣发达的环中国海洋文化圈，包括我国东南沿海及东南亚半岛的陆缘地带、日本、中国台湾、菲律宾、印尼等岛弧及相邻的海域。环中国海洋文化圈是中国古代历史与民族文化的一个重要而特殊的节点，是先秦两汉时期土著"百越"及其先民"善于用舟"的空间，又是唐宋元明以来东南沿海"汉人"主导的"大航海时代"的核心区域。在这样的文化视野中，峇峇娘惹文化正是多元一体的中华文化中海洋文化的域外形态，是中国沿海海洋族群在南洋的自然延伸结果。

峇峇娘惹身上还保留着传统的中华文化的印记，在文化习俗和宗教信仰上都保持着传统的中国特色，他们同样遵守孝道、遵守长幼有序的家庭伦理观。同时，峇峇娘惹身上也有很深的马来文化印记，马来人的语言、服饰和饮食习惯已经融入他们的生活中。

峇峇娘惹的房屋风格，既有中华传统的因素，也融合了马来与欧洲的建筑特点。峇峇娘惹居住的房子带有浓厚的闽南建筑风格，屋内宽敞，设有一个天井，阳光雨露通过天井可以进入屋内。在峇峇娘惹的建筑上可以看到中国特色的门窗、马来特色的屋檐以及欧洲风格的梁柱和雕饰。屋内的家具都是用中国的红木制作的，但是在设计风格上又汇集了中国、英国、荷兰三国的特点，家中的装饰

---

① 李德元：《质疑主流：对中国传统海洋文化的反思》，《河南师范大学学报》（哲学社会科学版）2005 年第 5 期。

物则多是带有吉祥寓意的中国样式的图案。①

峇峇娘惹服饰"卡芭雅"（Kebaya）深刻体现了这个族群的融合性。它是以马来传统服饰为基础加以改进的。中国传统的吉祥颜色以及花鸟虫鱼、龙凤呈祥之类的传统图案经常出现在峇峇娘惹服饰上。中国传统的手绣法和镂空法也是娘惹服饰常采用的制作方法。同时峇峇娘惹服饰还融汇了欧洲元素，英国和荷兰衣服上的蕾丝被引入绣在上衣上，低胸衬肩，贴身剪裁，充分显示腰身，这些方面无不带有西方服饰的印记。

在陶瓷研究中，"娘惹瓷"指 19 世纪中期到 20 世纪二三十年代的晚清民国时期，马六甲、槟榔屿、新加坡一带的华人定制的中国景德镇生产的专供峇峇娘惹的粉彩瓷器。这种外销瓷器有着鲜明的特色，仅在东南亚地区有大量的发现。娘惹瓷的主要装饰纹样是凤凰牡丹，边沿或局部多用八宝、如意、云环和莲瓣纹等装饰，很少见人物装饰。娘惹瓷的主色调为绿色（大绿、苦绿、水绿、墨绿、翡翠绿）和红色（洋红和宫粉）。

峇峇娘惹从明代有族群记录开始，到 1830～1930 年达到黄金时期，"二战"之后逐渐衰弱，并面临着身份的尴尬。他们在几百年的繁衍与发展中，既保留了传统的中华文化，又吸纳了马来文化与欧洲文化。在语言、饮食、服装、建筑、瓷器等多方面形成了自己的特色，是多文化碰撞与融合的结果，并给世界留下了如娘惹菜肴、娘惹服饰和珠绣、娘惹瓷等诸多宝贵的文化遗产。

峇峇娘惹文化的黄金时期已经过去。在新加坡，峇峇娘惹的后代们大多融入现代化的社会，没有传承峇峇娘惹文化的愿望。在马来西亚，华人与马来人通婚，要皈依伊斯兰教，改为阿拉伯姓名，因此现在华人与马来人的孩子只能算是混血儿，不能被称为峇峇娘惹。峇峇娘惹的文化在逐渐消失，人数也在逐渐减少。峇峇娘惹将

① 陈恒汉：《从峇峇娘惹看南洋的文化碰撞与融合》，《沈阳师范大学学报》（社会科学版）2011 年第 3 期。

成为历史与时代的传奇。

峇峇娘惹文化是中国传统文化在与外部文化融合中产生的独特文化现象，在包容与被包容的过程中形成了自己的特点。但是在漫长的岁月中，其文化和许多小族群文化一样有逐渐消亡的可能性。语言被遗忘，服饰渐渐很少被穿，习俗也消失了。峇峇娘惹文化只存在于新加坡、马来西亚和印度尼西亚等地的博物馆和餐厅里。峇峇娘惹的文化特征逐渐消失在岁月里。

"峇峇娘惹"族群是如何形成的呢？随着华人移民的不断增多，与原住民通婚繁衍的现象也不断增加，在文化和语言上形成了融合，最终发展为"峇峇娘惹"族群。有学者认为：baba 是印加土话，原用于称呼欧洲籍的儿童。印度族人移居槟城后，把华人儿童也称为 baba，后演变为"峇峇"一词；另外一个说法是：baba 一词源自 bapa，是马来人对华人的尊称，后随着社会历史的发展成为马来人对华人的通称。"峇峇"通常只用来称呼男性。峇峇族群中的女性被称为"娘惹"（Nyonya），是马来语中 Nyonya 或 Nona 的音译，意为小姐、夫人。但也有人认为这个词是从福建话 nio-nio 转变而来的，即"娘娘"的意思，因此峇峇妇女取名常用"娘"字，如金娘、美娘、惠娘等。[①] 峇峇娘惹的语言不是单纯的马来语或者闽南语。他们的日常用语被称为"马来语"（Baba Malay），使用马来文字和汉语语法，但词语中夹杂着马来语、闽南方言、泰语、英语等。这是因为峇峇娘惹家庭里的父亲说闽南话，而母亲则说马来语；而在社会商务活动中，他们必须讲英语。就在这三种语言的交融中，产生了新的语言。[②]

根据《马来纪年》，中国的汉丽宝公主在马六甲王朝时期，带着 500 名随从来到满剌加（今马六甲），并嫁给苏丹曼苏尔，她的

---

① 高波：《峇峇：多元文化的"混血儿"》，《中国文化报》2009 年 7 月 15 日，第 6 版。

② 陈恒汉：《从峇峇娘惹看南洋的文化碰撞与融合》，《沈阳师范大学学报》（社会科学版）2011 年第 3 期。

随从嫁给当地人，主要居住在三宝山，他们的后裔就是峇峇娘惹。[①]

峇峇娘惹的很多习俗与礼节也都沿袭中国，尤其是闽南一带的传统。他们非常重视华人的礼节，逢"年兜"（春节）、清明、"普度"（农历七月）及祖先忌日，都上供祭拜祖先。峇峇娘惹家庭注重孝道，讲究长幼有序，过年过节，作为子孙或年幼的一辈，得向长辈跪着磕头、敬茶及祝安。[②]

峇峇娘惹文化的形成发展是华裔与当地马来人、欧洲人逐渐融合的过程，这种融合既包含了血缘的融合，也包含了文化的融合，最终形成了融合福建味道的中国文化、西方欧洲文化和当地马来文化的新的文化形态。[③] 2008 年 7 月 7 日，马六甲海峡的两个城市——马六甲城与槟城共同被正式列入联合国教科文组织世界遗产名录。这意味着国际社会对马六甲海峡历史意涵与文化遗产的认同，同时，也让世人有机会更深入地了解这个处在海上十字路口，数百年来多元文化不断碰撞、交流与融合而成的鲜活样板。

---

① 陈恒汉：《从峇峇娘惹看南洋的文化碰撞与融合》，《沈阳师范大学学报》（社会科学版）2011 年第 3 期。

② 陈恒汉：《从峇峇娘惹看南洋的文化碰撞与融合》，《沈阳师范大学学报》（社会科学版）2011 年第 3 期。

③ 苏文菁：《海洋文明视野下的峇峇文化》，《福建省社会主义学院学报》2014 年第 1 期。

第　八　章

郑和的宝船

在很长一段时间里，中国的学术界与公众对巨大的、哪怕是无法航行的"郑和宝船"表现出极大的热爱：长 148 米、宽 60 米（学界认为这个数据是不懂航海的史官瞎写的，抄自关于三保太监下西洋的小说），如果将其与哥伦布首航的旗舰船相比，更是感到"扬眉吐气"。同时，我们对于英国人孟席斯（Gavin Menzies）所撰写的两部"赞颂"郑和下西洋的作品《1421：中国发现世界》（2002 年）与《1434：一支庞大的中国舰队抵达意大利并点燃文艺复兴之火》（2008 年）"嗤之以鼻"，中国学术界甚至不屑于讨论这两本书以及它们的作者。或许，"郑和宝船"有多大是个在学术界可以长期争论下去的问题。今天，我们需要的是：在对待郑和、对待海洋上，应该改变过去以书本记载为依据的观念，以开放的心态看看海洋能够给我们提供哪些人类来不及提笔记下的印记，改变对中华民族文化基因的认识。我们应该将郑和下西洋作为中国海洋历史 3000 年的一个重要节点，梳理出中国海洋文明发展的主脉；在今天一片"郑和开辟了海上丝绸之路""郑和是和平使者"的喧闹声中坚持这样一个观点：纪念郑和是为了寻找中国失落的海洋文明！"郑和崇拜"——中国海洋族群 3000 年的航海历史被郑和仅仅不到 30 年的航海历史所覆盖，完全是农耕社会视野下，中国海洋族群被边缘化甚至被污名化的结果，这并不是一件好事。今天我们应该正视海洋族群在历史上发挥的作用，重视其所代表的中华文明在全球化时代如何与不同民族、不同文化平等对话、互相发展这样一个史实。

其实，早在中国人还没来得及记载之前，中国沿海的海洋族群就有了自己对海洋的征服历史，有了随着季风、洋流走遍世界各地的历史。孟席斯或许欠缺对中国 3000 年甚至更为久远的海洋文明史的认知，只知道"郑和"，所以就把 28 年的郑和航海史无限扩大，把所有关于中国海洋的东西都扯到郑和的身上，自然显得牵强。世界文明本来就是多元共生的，是各种文明互相对话、互相影响的结果。孟席斯的著作所提供的，与其说是历史事实，不如说是一种历史观。提醒我们不能只有一个认识世界的视角，我们还要从海洋的视野来看人类交往和人类文明的变化发展。今天，我们要走向海洋，建设海洋强国，更需要从海洋这一新的角度来审视我们的文明、重读我们的历史。

一　温麻五会和水密隔舱

罗伯特·K.G. 坦普尔在《中国：发明与发现的国度》中说过："如果没有从中国引进船尾舵、罗盘、多重桅杆等改进航海和导航的技术，欧洲绝不会有导致地理大发现的航行，哥伦布也不可能远航到美洲，欧洲人也就不能建立那些殖民帝国。"[①]

唐宋元是中国向海洋开放的重要年代，在这个时期，中国的造船技术得到了进一步的提高与完善。早在宋代，有个叫吕颐浩（1071～1139 年）的官员认为："南方木性与水相宜，故海舟以福建为上，广东、西船次之，温、明州船又次之。"[②] 从此，以"福建"命名的"福船"就成了木质帆船时代的世界典范。

"福船"又是如何发展起来的呢？

汉代末年三国鼎立。其中，魏国挟天子以令诸侯，蜀国除了有刘皇叔之外还有诸葛亮；吴国以何作为自己的优势呢？那就是造船与航海。吴国在所辖的今天福建、浙江、广东设立了三个官营造船工场：今天浙南苍南境内的"横屿船屯"、福建闽东福宁湾的"温麻船屯"、广州的"番禺船屯"。当年，温麻仅仅是闽东的一个小

---

① 〔美〕罗伯特·K.G. 坦普尔：《中国：发明与发现的国度》，陈养生等译，21 世纪出版社，1995，第 12 页。

② 吕颐浩：《忠穆集》卷二"论舟楫之利"，文渊阁四库全书集部别集类，第 1131 册，台湾商务印书馆，1983，第 273 页。

地方，但在它成了吴国官营的造船基地后，人口开始剧增。一方面，吴国把罪犯发配到这里从事劳动改造；另一方面，吴国把原来就在东南沿海的南岛语族的后裔召集在一起，在整个东南沿海摆开了三个不一样的造船基地。当时，温麻船屯的指挥中心就在今天福州市鼓东路的开元寺。吴国在此设立了"典船校尉"一职，掌督造海船。聚集一定人数后，吴国政府在温麻船屯首次建起了福建第一个地方政权——温麻县。

我们知道，传统的中国人作为农耕民族，在制木、制砖、制石方面都走在世界前列，在铁钉发明之前，就盖起了巨大的木式结构。那么，这种木结构放到船上有个问题，就是木与木之间的缝隙是会漏水的。当年，在温麻区域的南岛语族后裔与朝廷发配来的政治犯共同合作，把当地的特产生石灰、麻、桐油按照一定比例混合在一起，成为能够填补缝隙的材料。这种材料今天在沿海区域的渔民中还在使用。这种技术的完善就使得小木板拼成大船的技术得到了突破，温麻船屯发明了一项了不起的技术——"温麻五会"，即"会五板以为船"。"五"仅仅是多数的意思，如同中国文化中的其他数字"三""六""九"所表达的意思。晋代周处《风土记》载："其舟，则温麻五会。豫章合五板以为大船。因以五会名也。"说的就是这种船。它不仅在造船史和世界科技史上留下了辉煌的一笔，也是水密隔舱技术最早的雏形。水密隔舱是在温麻五会的技术上用隔舱板把船舱分为互不相通的舱区，舱数有 13 个的，也有 8 个的，提高了船舶的抗沉与坚固性能。

李约瑟在编写《中华科学文明史》的时候看到了中国在汉代时候就有这个技术非常惊讶。因为他知道，中国的水密隔舱技术传到了阿拉伯，经由阿拉伯人传到欧洲，使得欧洲人得以在 16 世纪以后开始了全球化的地理大发现。没有中国的水密隔舱、指南针等航海知识的传播，就没有欧洲人的"大航海"和后来一切世界史的写作。"郑和宝船"以福船为主，"福船"是对古代浙江南部、福建及广东东部，也就是闽文化区域中具有相似特征的海洋木帆船的统称。那么福船具体的制造地点又是在哪里呢？

《福宁州城池考》记载："晋以温麻船屯立温麻县，县治在福宁州（今霞浦）四十一都。"① 说明温麻县是因温麻船屯而命名的。由于古时从闽江口至浙江瓯江流域温州一带的沿海地区，统称"温麻"地，故此造船基地亦称"温麻船屯"。

"水密隔舱"结构和舵的设置，被称为中国古代船舶的两项重大发明。用"水密隔舱"技术制作的福船，具有三大特点：一是被分隔成若干舱的船舶在航行中万一破损一两处，由于船舶已被分隔成若干个舱，一两个船舱进水不至于导致全船进水而沉没。二是只要对破损进水的船舱进行修复与堵漏就可使船只继续航行。在有"水密隔舱"的船舶上，货物可以分舱储放，便于装卸与管理，而且在海损事故发生时，也可以尽量减少损失。三是由于船舶被隔板层层隔断，厚实的隔舱板与船壳板紧密钉合，隔舱板实际上起着肋骨的作用，简化了造船工艺，并使船体结构更加坚固，船的整体抗沉能力也因此得到提高。

2010 年 11 月 15 日，联合国教科文组织保护非物质文化遗产政府间委员会第五次会议审议通过，中国申报的项目"中国水密隔舱福船制造技艺"被列入 2010 年"急需保护的非物质文化遗产名录"。

---

① 《福宁州城池考》载《古今图书集成职方典》卷 1107。

二　闽人经略海洋成就了郑和下西洋

郑和下西洋是在闽人经略海洋的基础上发展起来的。

郑和下西洋的航线与闽人开拓的航线达到90%的重叠。1990年，联合国教科文组织开展"海上丝绸之路"的国际性考察活动，其考察路线与郑和下西洋的路线是90%吻合的，而郑和下西洋的航路更是建立在闽商开辟的航路网络上。正是闽商，开辟了海上丝绸之路的航线。①

据南宋泉州市舶司主管赵汝适的《诸蕃志》记载：由泉州港实现与宋朝贸易关系的地区共有58个，大致可分为四个地区：一是今印支半岛和马来半岛地区；二是今印度尼西亚群岛地区；三是印度次大陆地区；四是波斯湾、阿拉伯半岛以西地区。这四个地区，在宋代之前就是从泉州港进出航船的重要贸易区域。因此，无论是郑和下西洋还是联合国组织的海上丝绸之路考察，都与《诸蕃志》中的航线有很大的重叠。

元代航海家汪大渊在泉州搭乘不同国家的远洋船周游列国。走了两次，第一次汪大渊走了四年的时间，第二次走了三年。汪大渊把这两次航程记载下来，就是著名的《岛夷志略》，其中的航程也成了郑和下西洋重要的航线设计模本。

---

① 　苏文菁主编《闽商发展史·总论卷》，厦门大学出版社，2013，第84页。

我们知道，郑和下西洋作为官方的外交活动，不可能对航线没有任何设计就匆忙下海。在这个过程中，无论是汪大渊还是赵汝适的著作都应该是郑和下西洋前期准备必须熟悉的"教材"，这一点我们从郑和的随从马欢的《瀛涯胜览》中就可以看到。马欢写道：

> 余昔观岛夷志，载天时气候之别，地理人物之异，慨然叹曰："普天下何若是之不同耶？"永乐十一年癸巳，太宗文皇帝敕命正使太监郑和统领宝船往西洋诸番开读赏赐。余以通译番书，亦被使末……然后知岛夷志所著不诬。[1]

由此，我们可以看到，中国东南沿海的群众从唐宋元时期保持下来的海外网络的知识体系，成为郑和下西洋重要官员都必须学习的知识储备。我们也知道东南沿海人民所开辟的航路，比郑和下西洋走过的区域要远得多。我们只要对比一下唐宋元时期的海外交通史论著与郑和随从所书论著，就会发现：第一，郑和就是沿着前人所开辟的航线走；第二，他远没有前人走的航程多。

我们看中国历史，郑和去世后的半个世纪，明朝的官员虽然毁掉了很多相关档案，但是一些重要文献还是被保留下来，其中最重要的就是郑和下西洋的直接参与者的著作：巩珍的《西洋番国志》，马欢的《瀛涯胜览》，还有费信的《星槎胜览》。这三位都是跟着郑和一起下西洋的。郑和下西洋所留下的文物，如福建长乐南山寺的《天妃之神灵应记》碑文；后人根据郑和航海资料而编撰的著作，如著名的《郑和航海图》。从中可以看到，郑和下西洋所走的路线基本是中国东南沿海人民早在唐宋元时期就用自己的经验和生命换来的航路。

当郑和下西洋的时候，东南沿海的许多海洋族群已经在相关的

---

[1]　马欢著，冯承均校注：《瀛涯胜览校注》，中华书局，1955，自序第一页。

港口形成了一定的华人群落；当年在郑和下西洋的过程中就有许多东南沿海的人民在当地充当郑和的向导。明代有个晋江人曾时懋，随叔父曾天鸿渡海至爪哇岛谋取功名，被选为驸马都尉。他和公主的两个孩子，都曾为郑和、王景弘下西洋引航、带路而立下功勋。所以，我们与其说孟席斯的著作是以事实为依据的历史，还不如说是在为我们提供了新的历史观，也就是说我们要从海洋来看人类的文明，从海洋来看人类的交往。

三　是谁最早发现美洲？

　　2002 年 3 月，各国媒体都在报道同一条消息：当年 65 岁的前英国潜艇指挥官孟席斯出了一本书，名为《1421：中国发现世界》，书中提到这样一个观点：郑和早于哥伦布发现美洲。孟席斯曾经意外发现一幅威尼斯人绘于 1424 年的航海图以及弗拉·毛罗（Fra Mauro）在 1459 年绘制的世界地图，图中画有中国的帆船。由此他进行了长达 14 年的研究，认为这是由郑和船队所绘制，并由此得出结论：郑和曾带领世界上最大的舰队七次跨洋远航，他早于哥伦布七十多年到过东南亚、西亚和非洲大陆，还到了美洲、澳洲，甚至南极。哥伦布等欧洲航海家是在这张地图的指导下才发现了美洲。而当代在美洲加勒比海海底发现了中国古船的残骸、石锚、渔具等遗物。孟席斯运用自己掌握的关于风向和潮汐方面的知识，推断出在 1421 年 12 月，郑和船队中有 9 艘远洋帆船在加勒比海海底沉没。在加勒比海海底发现的古代沉船残骸及散落在海底的石块，其材质、形状与在菲律宾海域打捞起来的中国古船是一致的。这表明郑和船队的海船曾到过并沉没在那里。

　　孟席斯的惊世之说，引起了海内外各种新闻媒体、相关学术刊物的关注，并引起了学术界的争论。孟席斯后来回忆说：当初在写《1421：中国发现世界》这本书时，有一点令他百思不得其解，就是许多史学专家缺乏好奇心。哥伦布在 1492 年发现美洲，然而，在这之前的十几年时间，他一直在做一件事：说服葡萄牙和西班牙的王室支持他去航海。他拿着什么东西去说服王室呢？他拿了一张海图！他觉得奇怪的是为什么史学家不追究一下：哥伦布为什么会有这么一张海图呢？同样，当哥伦布说服了王室，王室同意赞助哥伦布去航海的时候，哥伦布还提出：如果我占领了这块地方，我就是这个地方的总督——也是拿着这幅图去的。这些为什么就不能引起历史学家的兴趣呢？

这种结论对于欧洲人来说是非常大的打击，因为欧洲的文明史建构在 1492 年以后。在那之前，世界的许多文明都与欧洲无关，自从哥伦布发现新大陆之后，欧洲人才开始了他们的世界历史。按照孟席斯的推论，郑和的船队早于哥伦布的船队七十多年发现美洲新大陆，郑和不仅发现了美洲而且还留下了地图！这地图之后又辗转流落到欧洲人手中，变成了哥伦布进行航海之前说服王室的重要证据。孟席斯的理论颠覆了整个欧洲学术界的基石，他的理论在整个欧洲的学术界不受待见是正常的，他的书出来后，整个欧洲学界一片哗然。但在普通读者群众中，他的书影响力非常大，这本书截至 2008 年已被译成 28 种语言，在 100 多个国家销售，孟席斯为了跟读者保持联系，他特别做了一个"1421"（后改为 1421 – 1434）网站，每天有 20000 人登陆。

就中国来说，我们知道郑和下西洋的行为在明代后期遭到统治者的抑制，很多史料被摧毁了；但是跟随他的人写下的书籍，应该来说还是完整记载了这次明朝政府官方的海洋外事活动。在这些记载里，我们知道郑和不可能走到更远的地方，也就是孟席斯在他书里提到的美洲、澳大利亚，途中还拐到了南极。但是，对于中国的学术界来说，我们一直无法面对孟席斯所提的那些"物证"：那些在澳大利亚的海边、南美的海底，那么多带有中国色彩的沉船以及相关器物的存在。

中国海洋族群早已经在季风、洋流的带领下走遍世界。只不过西方人只知道"郑和",因而将中国海洋族群航海史的功绩"集中"在了"郑和"身上。闽人开辟的航线远比郑和下西洋到过的国家多得多。郑和航行前,闽人的足迹就已遍布东南亚、南亚、印度洋、非洲沿线,甚至更远。宋人周去非的《岭外代答》、赵汝适的《诸蕃志》和元人汪大渊的《岛夷志略》等书中已出现大量的非洲地名,而对这些地区的描述不仅局限在人、物,还涉及风俗习惯、社会结构和政治制度等。

四 中国航船引发了意大利文艺复兴？

从这里我们知道，或许在世界各个角落，不同文化区域里，都能够发现异质文化所留下的色彩。虽然人类从远古时期就被海水分隔在不同的大陆上，但是人类又总能利用自己的智慧，利用季风和洋流给人类提供的便利，驾驶简陋的船只在世界各地进行穿梭。孟席斯注定是一个文化上的"捣乱者"。2008 年，孟席斯又出版了《1434：一支庞大的中国舰队抵达意大利并点燃文艺复兴之火》一书。书中，孟席斯继续"放大"郑和的航海业绩。这一次孟席斯更确定了那是郑和下西洋的第六次。郑和的船队通过了红海，走到了意大利。到了意大利的佛罗伦萨和威尼斯，带去了明朝皇帝给当时的梵蒂冈教皇的外交信件，还带去了当时世界上第一本百科全书——《永乐大典》，不仅如此，还带去了当时中国很多跟同时代欧洲相比先进得多的技术。这些中国的船队到了以后把这些东西留给意大利，促使意大利在多年之后成为欧洲文艺复兴的源头。

孟席斯认为，文艺复兴对欧洲文明意义重大，一直以来，历史学家仅仅将文艺复兴解读为"古希腊""古罗马"文明的"复兴"。而这种解读显然不能说明在意大利那些文艺复兴的大师们身上发生的事情——因为那些发明与古希腊、古罗马无关；但是孟席斯发现这些东西却与中国古代的技术文化有关。这本书出版后，孟席斯在答记者提问时，对其全书的观念做了简单的说明：当时，有一只中国船队来到意大利，船上载有各种先进器物和世界上第一套大百科全书《永乐大典》，超过 10 万个实用发明由此传到欧洲。在达·芬奇的练习本中，包含了降落伞、步枪等几百项发明，孟席斯认为那不是他发明的，而是达·芬奇有幸看到了来自中国的《永乐大典》中的图案，重新做了改造；只要对比一下，就会发现两者之间惊人的相似。包括日心说，也不是哥白尼首先提出来的，而是中国的郭守敬，他的宇宙观传到了欧洲，启发了哥白尼。

孟席斯几乎将文艺复兴时期欧洲的重大发明都与《永乐大典》联系在一起。书中讲到中国数学在推进意大利绘画和建筑、制图学和测绘学的发展上具有决定性的意义。还提到当时的中国人在汉代就可以用各种垂直仪器和三角形、水准仪进行建筑的测量，这些工具欧洲也是几个世纪以后才有。更重要的是，今天我们提到文艺复兴都会看到许多充满人文色彩的绘画，跟当时一个很重要的人和著作有关，那就是阿尔贝蒂（Leon Battista Alberti，1404 ~ 1472 年）和他的《论绘画》，他的透视绘画法和人体比例构成了文艺复兴时期绘画和雕刻的技术基础，孟席斯认为也不是阿尔贝蒂自己的成果，也是从中国的《永乐大典》中获取的。孟席斯还谈到，《永乐大典》里已经有火药的使用，根据火药的使用，欧洲人才发明出火箭炮和大炮的制作方法。

从孟席斯的书里，学术界能够听到这样的东西，我觉得是非常有益的事情。因为在人类的文明史上，各种各样的文明都有一种互相对话和互相交流的可能，世界文明本来就是一个多元共生、互相启发、互相影响的过程。在国别文化史中看去风马牛不相及的作品，如果把他们放在世界海洋文化大交流的背景下，我们就能看到它们共通的"母题"与创作背景，这也是《1434：一支庞大的中国舰队抵达意大利并点燃文艺复兴之火》这样的著作给我们有益的启示。

五　重视全球化时期的东方因素

　　其实，像孟席斯这样重新反思"欧洲文化中心论"的学者还是有很多的，比如德国学者佛兰克与他的《白银资本》（中央编译出版社，2008；以下简称《白银资本》），该书的副标题是：重视经济全球化中的东方。佛兰克与传统的以欧洲为中心进行思考的历史学家不一样，他把整个人类的文明史放在一个更长远的历史框架中来思考，把人类文明史从 500 年、1000 年、1500 年，这样一个长的历史背景来看。如果是从这样的长时段文明来看，欧洲文明不具备天然的优越性；也就是说，今天所塑造的"欧洲文化中心论"，仅仅是近 200 多年工业革命之后的产物。

　　佛兰克的《白银资本》就以白银这种货币在全球某个重要时期地位的变化和白银这个物产在全球流动的过程来讲述欧洲地位的变化。在他看来，在工业革命之前，欧洲人还没有开始突破海洋对他们的限制、大航海尚未开启的时代里，这个世界已经有它自己的全球化体系了，这个体系由谁构成？什么时候构成？那是 500 年以前，是在东方，由东方的中国人和阿拉伯人共同完成的。后来，在欧洲崛起之前，阿拉伯衰弱了；中国也从海上撤回了郑和船队。随后，为什么欧洲人要去美洲寻找白银？那是因为全球的贸易中心、物产中心在以中国为代表的东方，而当年的东方对欧洲的物产没有兴趣，欧洲人只能千辛万苦地全世界折腾，寻找东方人喜欢的硬通这就要讲到漫长的人类文明发展史。我们认为人类经历了三个文明时期，第一个是农耕文明时期，就是人只能根据自然的规律生产生活的时代。那个时代同在欧亚大陆上的东方和欧洲，是完全不一样的自然生态，以中国为代表的东方，真是地大物博，土地的多样性，气候的四季分明，使得植物的多样性和动物的多样性都得到极大的保障。反过来看欧亚大陆西端的西欧，土地相对来说比较薄，沙粒多，气候又是大西洋气候：春天和夏天天气炎热时干旱，秋天和冬天天气寒冷时多雨雪。这种气候刚好跟植物生长的规律是反着来的，所以在那个时代，欧洲相对东方来说不是农耕文明的天堂。可以说，是自然环境保证了东方的中国是农耕文明时代物产的中心。

工业文明时期就是人类能够改变大自然的某些属性的时代，比如土壤不够肥沃，种植的时候可以无土培植；气候不适宜可以用大棚。我们今天正在这样的文明阶段，我们经常用这样的文明阶段来看历史的长时段。佛兰克的《白银资本》就让我们到更长的历史阶段里去看，当年的欧洲人到美洲挖白银，把白银运过太平洋，跟中国的东南沿海海商进行交易；用白银交换中国的农产品跟手工制品。佛兰克将这样的过程概括为：当时的世界是欧洲需要中国的商品，而中国只需要白银；这两种需求的结合导致了全世界的商业扩张。在这样的过程中，西方最初只是在亚洲的经济列车上买了个三等车票，挤上车来。由于发现了美洲的白银，使得欧洲慢慢地走到了火车的前列，引领着时代的列车。

按理来说，像《白银资本》这样的著作在中国应该是既叫好又叫座才是，而事实并非如此。这就涉及对中国明代海洋的认识了。在《白银资本》中，作者涉及西班牙在美洲的殖民地通过马尼拉与中国之间的"大帆船贸易"，这是一条完全不同于传统的沿欧亚大陆海岸线航线的贸易通道。福建漳州月港是其中最重要的港口，然而，这个港口在今天不过是一个籍籍无名之地。任何事件必须有空间与时间的维度，当发生事件的空间"消失"之时，"事件"就无以为继了。当明代的海禁幽灵还在大地上游荡时，明代中叶为何改变钱币制度——由铜而银、铜银并用？东南沿海何以出现雇佣织工、进而出现了所谓的资本主义萌芽？这些问题的答案从内陆视野看不到，从海禁视野更看不到。佛兰克的"白银"因此也落不了地。

我们知道，哥伦布虽然发现了新大陆，但还是没有到达亚洲，为了到达亚洲，欧洲人继续努力寻找连接大西洋和太平洋的通道。在西班牙国王的支持下，葡萄牙人麦哲伦于 1521 年绕过美洲南端进入太平洋，终于到达菲律宾群岛以及中国沿海。就此，西班牙开拓了来到亚洲的重要航路：不仅可以由美洲新大陆横渡太平洋来到东南亚，还可以从东南亚横跨印度洋、绕过好望角、沿非洲西海岸回到欧洲。新航路发现后，西班牙人以菲律宾群岛的马尼拉为中心开展了大帆船贸易。

马尼拉是中国闽商重要的海外商贸区域之一，在 16～19 世纪形成的漳州月港—马尼拉—阿卡普尔科—西班牙之间的跨洲环球大帆船贸易中，其贸易货源都来自漳州月港。福建商人运去的大批货物不仅满足了西班牙殖民者和当地人民的需要，而且中国的生丝、纺织品、瓷器等还经由马尼拉通过大帆船贸易大量输入到拉丁美洲，转运至欧洲。当年，漳州的文化人张燮写道："东洋吕宋，地无他产，夷人采用银钱易货，故归船自银钱外，无他携来，即有货亦无几。"[1] 月港的出口贸易大大多于进口贸易，西班牙殖民者没有什么商品可以与月港的福建商人贸易，他们便用从墨西哥掠夺的白银和银元进行交换。持续两个半世纪，美洲的白银源源不断地流入中国。曾有文献记载，1586 年从马尼拉流入中国的白银将由每年的

① 张燮：《东西洋考》卷七《饷税考》。

30 万比索增加到 50 万比索。有人估计 1565～1820 年，墨西哥向马尼拉输送了白银 4 亿比索，绝大部分流入了中国。在"大帆船贸易"航线上，以西班牙人为主体的欧洲人和以闽商为代表的东方商人共同推动着全球化的进程，他们开展多边贸易，使得不同地域的物品与文化开始了全球性的重新配置。白银成为交换中国商品的重要媒介。通过"哥伦布交流"，来自南美洲的红薯、南瓜、玉米、烟草等改变了诸多国家尤其是中国的饮食结构与生产方式。来自中国东南沿海的生丝开启了南美洲的纺织业；福建武夷茶、"漳州绒"、瓷器、漆器都成为欧洲上流社会的奢侈品。正如佛兰克所认为的，一直以来都存在着一个全球世界经济范围内的贸易体系，而以闽商为代表的中国商人正是这个贸易体系的重要参与者与建立者。一直以来，作为中国与世界交流的中介，闽商频繁地活跃于世界舞台，不断地与不同国家、不同文明进行交融与碰撞，不断地推动着世界贸易体系的建立与发展，他们是中国推进全球化的核心力量。

像佛兰克这样通过白银在历史上的作用来回溯在工业革命之前的世界中心在东方，这样的作品在欧洲还不少。美国芝加哥学派的代表作家杰克·戈德斯通在其著作《为什么是欧洲？世界史视角下的西方崛起（1500—1850）》（关永强译，浙江大学出版社，2010）一书中，也在叩问：工业革命为什么在欧洲成功？为什么今天话语权是由欧洲掌握？欧洲的话语权和中心会永远保持下去么？通过这本书的分析，他认为欧洲作为中心只是这最近的 200 年，会不会永远保持下去呢？看来也没有这种必然性。

东方本就是一个多元的组合体：中国、印度、阿拉伯等各不相同。这几年，欧洲的知识界也在反思阿拉伯文化的影响，有两本著作对我们思考海洋文明有很大的帮助。一本是伯纳德·刘易斯的《穆斯林发现欧洲：天下大国的视野转换》（李中文译，生活·读书·新知三联书店，2013），他在书中写到今天欧洲的很多东西，包括建筑、妇女的服饰、食物等都跟伊斯兰教文化的影响有很大的关系。另一本是乔纳森·莱昂斯的《智慧宫：阿拉伯人如何改变了西方文明》（刘榜离等译，新星出版社，2013），则以欧洲文艺复兴时期为思考的对象，当年，阿拉伯的学者如何通过东罗马帝国保留下来的典籍翻译成欧洲的语言，使得欧洲人在复兴古希腊、古罗马文明时有了文本。通过这个角度解读西方文化中的阿拉伯文化因素。

海上看中国

六　郑和崇拜——从人到神

　　孟席斯为何把所有关于中国海洋、航海的事情都挂在"郑和"身上呢？这事还没法只从孟席斯身上找原因，还是要回到中国自己的知识体系中来。

　　1904 年，梁启超在《新民丛报》上以笔名"中国之新民"发表《祖国大航海家郑和传》一文，首先揭开了近世郑和研究的序幕。郑和研究经历了一个从"文献郑和"到"文化郑和"的过程，我个人认为转折点就在 2005 年，中国大陆官方开始"纪念郑和下西洋首航 600 周年"。

　　在华人较为集中的东南亚等地，华人早就将"祖先崇拜"与"郑和崇拜"融合在一起了。从根本上看是对郑和这种历史功德的缅怀和个人英雄行为的崇拜。从文化人类学视野来看，郑和作为一种信仰符号，同东南亚华侨社会其他民间信仰一样，具有整合移民族群、团体与社区以及延续与巩固华人文化认同的功能，成为凝聚华侨社会的黏合剂与强化华人族群文化意识的一种象征。① 我们知道，中国东南沿海的人民大量定居于东南亚是明清以来的事情。此间，一方面是中国的海禁政策，另一方面是欧洲人东来所带来的全球化贸易机遇。中国海商是一群得不到政府支持的"没有帝国的商

---

① 施雪琴：《东南亚华人民间信仰中的"郑和崇拜"》，《八桂侨刊》2006 年第 1 期。

人"，只能在非常尴尬的背景下生存，更有甚者，他们还要背上"走私"的污名。在此历史阶段，只有"郑和"这个符号在汉语体系中有其航海的正当性。

东南亚华侨社会的郑和崇拜主要体现在以下几个方面：

首先，郑和船队留下的遗迹与遗址上发展起来的山水、建筑与城市，例如，马来西亚马六甲的三宝山、三宝井；印度尼西亚中爪哇省省会三宝垄及其附近的三宝港、三宝洞与三宝墩；泰国境内的三宝港、三宝塔等。这些与郑和有关的山水、建筑与城市记载了郑和船队当年的活动，是郑和崇拜的一个重要的组成部分。此外，东南亚有许多奉祀郑和的寺庙，例如，马来西亚的马六甲、吉隆坡，印度尼西亚的苏门答腊岛，菲律宾的苏禄群岛，泰国的曼谷，以及柬埔寨、文莱等国，都兴建有三宝庙、三宝宫、三宝禅寺、三宝塔等。马六甲三宝山的三宝亭，曾供奉有郑和的神位，与福德正神（大伯公）和妈祖并立。三宝寺庙在东南亚地区的广泛建立和郑和神位的出现，说明郑和在东南亚华侨中的形象已经发生转变，从历史人物转变成为具有超自然能力的保护神，甚至与东南亚华侨信奉的航海女神妈祖并列。郑和形象的这种演变是华侨对郑和的神化。而这种神化，有助于郑和崇拜的延续和强化，也推动了郑和信仰在东南亚的传播与发展。①

其次，印尼爪哇华侨每逢中国农历六月三十日都要举行盛大的祭祀郑和的迎神出巡庆祝活动，该节日是纪念郑和船队首次在爪哇登陆。马来西亚丁加奴每年农历六月二十九日也要举办盛大的庆祝活动来纪念郑和的诞辰。东南亚华侨社会这些固化的纪念郑和的活动与仪式，一方面有助于强化郑和的神圣地位，另一方面也借助华人对郑和的崇拜来加强华人族群文化意识的认同，增强华侨社会的凝聚力。更多的应该是他们从文化的建构上，认可了自己的祖先是

---

① 施雪琴：《东南亚华人民间信仰中的"郑和崇拜"》，《八桂侨刊》2006年第1期。

跟郑和一样来自中国正统的海洋族系的人。

其实，郑和"从人到神"不仅在东南亚的华人社会可以看到，从长乐——郑和下西洋的出发点也可以看到这样的情况。长乐飞机场附近有个从宋代就有的公庙——显应宫，这个显应宫明代年间又叫大王宫或妈祖庙，最早建于宋绍兴八年，也就是1138年，距今将近900年。但是，这座庙在150多年前被一次自然灾害全部埋在地下，一直到1992年又被当地村民挖地基时发现，挖出来以后给今天的人们带来了非常大的震撼，不仅是埋在地下神殿中的神像栩栩如生，形态各异，而且最关键的是殿中跟妈祖同个位置祭拜的神中有一个叫巡海大臣，而这位巡海大臣经过考证被认为就是郑和。

中国的海洋族群，无论是留在中国东南沿海，还是已经迁徙到东南亚，都把郑和当作是族群中非常重要的神灵。在这个族群的心目中郑和有个从人到神的过程，这种崇拜，是中国海洋族群被边缘化、污名化的结果，并不是特别好的事情。假如中国的海洋文化和海洋族群是这个民族文化里应有的部分的话，人们就没有必要把自己的祖宗硬是挂在郑和的身上，从而对郑和重新做"这样"的解读。

中国海洋族群3000年的航海历史仅仅被郑和还不到30年的航海历史所覆盖，这完全是因为在农耕社会的视野下，海洋族群被统治阶级边缘化，妖魔化，甚至被官方用海禁政策扼杀的结果。今天我们要建设海洋强国，要建设21世纪海上丝绸之路，更应该正视海洋族群在历史上发挥的作用，重视海洋族群所代表的中华文明在全球化的时代里如何与不同的民族、不同的文化平等对话、互相发展的这一史实。

第 九 章

中国人在南洋的"经济实验区"

一 从《乌托邦》到"五月花"号

在这世界上，比大地辽阔的是大海，比大海辽阔的是天空，比天空更辽阔的是人的心灵！人类对更加美好的事物的向往、对未知世界的好奇是推动人类文明史不断向前发展的基本动力。

假如我们对现状不满又无力去改变它的时候，或许就会选择改变自己，可以是让自己与环境妥协或者离开这个环境。从欧洲文艺复兴起，欧洲人开始突破海洋对人类的限制，进入大航海的时代以来，"海洋"就成为人类另辟家园、建立"伊甸园"的想象空间与实践场所。1516 年，英国人托马斯·莫尔（Thomas More）出版了《乌托邦》（*Utopia*，1516），这本书的全名应该是《关于最完美的国家制度和乌托邦新岛的既有益又有趣的全书》（*Libellusvereaureus, nec minus salutaris quam festivus，de optimoreipublicaestatudeque nova insula Utopia*）。一脉相承柏拉图（Plato）的《理想国》，意大利人康柏内拉（Tommaso Campanella）的《太阳城》（*The City of the Sun*，1637）等一系列欧洲人对人类理性生活的憧憬。

"乌托邦"是一个"新岛"，海洋成为接纳人类理想国的合适空间。欧洲在这个时代，从统治者、贵族、商人、平民到社会最底层的人，都对海洋有着强烈的兴趣；这其实是统治阶层与知识阶层的一种"共谋"：向海洋发展的国策，需要知识阶层从人性的角度解析直抵民众的心灵。

在莫尔出版《乌托邦》的一百多年后，一艘名为"五月花"号的帆船从英国南安普顿市出发，经过在大西洋上 66 天的漂泊之后，于 1620 年 11 月 11 日向陆地靠近，船上有 102 名乘客。

这一百多人是来自哪里呢？又是为什么来到这里呢？这要从 16 世纪末到 17 世纪时在英国清教徒发起的一场来势猛烈的宗教改革运动说起，当时他们宣布脱离国教，另立教会。后来，清教徒遭到政府和教会势力的残酷迫害。为了彻底逃脱宗教迫害的魔爪，他们再一次想到大迁徙，并把目光投向大西洋另一边的"处女地"。他们认为只有在这样的地方，才能按照自己的方式轻松地生活，自由地信奉、传播自己所喜欢的宗教，开拓出一块属于清教徒的人间乐园。于是，清教徒的著名领袖布雷德福召集了 102 名同伴，在 1620 年 9 月，登上了一艘重 180 吨，长 90 英尺的木帆船——"五月花"号，开始了跨越大西洋的冒险航行。他们怀着对未来的美好憧憬，为了寻找权利和自由，驶向北美大陆。经过 65 天与风暴、饥饿、缺水、疾病、困乏、绝望的搏斗，11 月 21 日，他们终于抵达北美大陆的科德角，即今天美国马萨诸塞州普罗文斯敦港。

在"五月花"号登陆前夕，船上 41 名成年男子就如何管理新世界发生了激烈的争论，最后，他们共同签署了一份公约，即《五月花号公约》。这个公约奠定了北美 13 个殖民地的自治原则，这一原则后来又融入了现代宪政制下中央政府与地方自治的权力界限。新大陆吸引一代又一代欧洲人移民至此，一是这里辽阔的土地，二是辽阔土地上的自治原则。土地加自治，以及由此形成的机会均等的原则，这就是后来与"普鲁士道路"相对应的北美现代化模式——"美国道路"。

自古以来，人类都有着对理想国的梦想与追求，在西方国家有乌托邦，在中国有桃花源，虽然人类到现在为止还没有建立起一个人人满意的社会制度，但是人类正是在对现实的不满和对理想国的追求的过程中不断地进步。人类正是在一群不安于现状、对现实进行批评、不断追求进步和理想的族群的引领之下走向进步。英国17世纪的这群乘着"五月花"号前往美洲的清教徒正是其中的典范。

逃离或打破不满意的制度是很容易的，但要建设一个理想的国度是很难的。需要勇气，需要理想，更需要妥协。在追求理想的过程中，这群清教徒不是只重视破坏，而是更注重建设。他们在"五月花"号上建立了契约，这就是著名的《五月花号公约》。美国几百年的根基就建立在这短短的几百字之上，信仰、自愿、自治、法律、法规……这些关键词几乎涵盖了美国立国的基本原则。这是一个伟大的举动。"五月花"号是人类前进与发展潮流中的重要代表，他们不安于现状，不断追求着理想与进步，同时注重建设与发展，正是这样才造就了美国今天的进步与繁华。

二　一个海外移民家族——邱公司

　　"公司"一词到底是中国东南沿海乡村原有的制度还是向欧洲人学习来的？这在学术上还有争议。有的观点认为是中国人在南洋与欧洲各东印度公司磨合的过程中"学习"到的西方文化；有的则认为是中国东南沿海区域早就存在的一种互助组织。我们认为："公司"是一个出现在东南沿海与海洋贸易有关联的词，带有"合伙"与"共同事业"的意思。而英文的company，早期在中文中译为"公办衙"，既有音译也有意译的味道。由于company本身就是合作投资的单位，18世纪后才被译为"公司"。而广泛存在于17～19世纪南洋区域的华人"公司"应该是从原乡带去的。今天，在台湾还有一些小地名带有"公司"的烙印，比如，乡间有"公司寮""公司田"。既有现在宗亲组织的外延结构，又与清初以来一直存在于东南沿海的民间秘密组织"天地会""兄弟会""洪门"等有着千丝万缕的联系。

　　2008年，马六甲海峡上的两个城市，马六甲市与槟城乔治市共同名列联合国世界文化遗产名录。这两个城市保留着17世纪以来欧亚不同族群生活的现场，其中，尤其以明清时期中国南方的建筑群而令人叹为观止。在槟城乔治市的这些建筑群中，除了有张裕葡萄酒的创始人张弼士留给他七太太的蓝屋之外，最著名的应该是来自福建漳州龙海的邱氏家庙。让人费解的是，邱氏家庙名号"邱公司"。邱公司位于槟城文化遗产古迹中心区，占地 21000 平方尺，是槟城最大也最富有艺术价值的祠堂，被称为是世界上最能代表 19 世纪中国南方传统艺术的建筑。它同时也被称为龙山堂，其建筑物上有很精致的龙、凤凰及神明的图案等。1835 年，祖上从中国福建省漳州龙溪三都郑墩村迁来的邱氏族人开始筹建邱公司。始建于 1851 年，1894 年重建，1901 年正式竣工，竣工后除夕夜遭大火焚毁。现在的建筑物为 1906 年重建，20 世纪 50 年代改造过的。祠堂里里外外的雕刻艺术都是出自中国的建筑名家之手。不仅是建筑师，估计连建筑材料也是从福建漳州来的。

从开始筹建邱公司到动土建设，用了 15 年的时间。道光十五年（1835 年）五月初五端午节，邱氏族人在庆祝大使爷千秋举行聚会时，都认同为了敦睦宗亲，崇颂祖德，团结合作，实不能无祖祠之设，于是在五月初八集合 102 位族人成立"詒穀堂"。同时，在场筹集建宗祠基金 520 元，十余年运筹生意，积额日丰，终于在 1850 年农历七月初五，以邱氏大使爷名义购龙三堂现址。该地原系本地英商某旧址。隔年，将之修葺改造，以符合宗祠之制。外部广场种植树木以蔚然成荫，内部则依俗制奉始祖至五世祖神位，并奉祀从原乡带来的大使爷香火。邱姓族人合伙进行了共同的事业。纵观邱公司所列之 1816～2001 年"大事记"，可以看到邱公司所做的大事有以下几个方面：（1）以"大使爷槟榔屿公银"的名义给原乡捐款，用于原乡的庙宇修缮等公益事业；（2）维护邱公司的建筑群；（3）建设华语学校；（4）建立奖学金，支持本族青年接受高等教育；（5）建邱氏墓园；（6）20 世纪 60 年代前帮助族人理财；（7）投资矿业地产等各种生意；（8）向外联谊与自身建设，在英殖民者废除私会党之后，邱公司的转型包括了 1909 年成立邱氏自治社，1955 年注册为社团，1976 年改为信托机构至今。此外，还有每年端午节和其他华人节日的祭拜、游神活动；介入邱氏家人生老病死的过程，家庭邻里的纷争，乃至族群械斗。邱公司就是一个所有姓邱人民的互助社会。邱家人把中国人对"家国同构"的思想生动地迁徙到垦殖地；这是邱家人的家事，也是邱家人的国事。

可以说，"邱公司"的发展历程与东南亚，特别是新加坡、马来西亚地区的华人组织有诸多的相同。所不同的是，在马六甲市，华人在远离原乡之后的手足相助、邻里守望是以一个寺庙青云亭为载体。"青云"乃"义薄云天"之意，主祭观音、妈祖与关公。特别是关公这一神祇，他在家乡山西远没有他在沿海海洋族群里"吃香"。桃园三结义，打破了儒教传统的伦理体系：在家父父子子、在外君君臣臣；刘、关、张不同姓氏的人能够合作，甚至生死相托，这恰是海洋族群、重商主义者应该有的伦理。

三　寻找"兰芳公司"

18世纪90年代，曾有一群欧洲学者与媒体人来到亚洲香料群岛上的婆罗洲东万律，他们在寻找什么？1797年6月8日《泰晤士报》报道了他们此行的收获："大唐总长罗芳伯的神奇贡献。"他们考察的是"兰芳公司"，这里提到的"兰芳"，许多人将其推崇为"华人的第一个共和国"。"兰芳大总制"创立于1777年，这个政权组织的成立源于中国的海洋族群到东南亚后，与当地人民、欧洲的海洋族群在不断地交流、碰撞中产生，他们用中国传统的兄弟互助、地缘关系创造出了那个年代非常了不起的一个"特区"实体。

在第二次世界大战结束之前，东南亚区域并不存在今天所说的"国家"；而在16世纪之前，南洋基本上是一些人数不多、文明程度也不高的族群分散而居的状态。由于该区域地处赤道南北纬30度的季风带，有史以来就一直存在着中南半岛、印度半岛、中国东南沿海与该区域群岛之间的"季风贸易"。既是"季风贸易"，贸易的商人绝大部分是随着季风往返于祖居地与贸易区之间。直到16世纪之后，欧洲人进入了该区域。

在明清时期，活跃于东南亚海上的欧洲各国的东印度公司，不论是荷兰东印度公司，还是英国东印度公司，都是国家利益的代表者，有国家作为他们进行海上活动与海外贸易的坚实后盾，而同一时期的中国，由于海禁政策，当时的中国商人被称为是"没有帝国的商人"，中国的海商不仅没有政府支持，而且还是政府围剿和屠杀的对象。此时的中国海商面临三方面的危险：第一层来自政府的围剿和屠杀；第二层来自在与欧洲东印度公司博弈的过程中始终处于绝对的弱势；第三层来自同伴之间的互相竞争。在这样的背景下，那些冲破重重阻力，已经到南洋的中国海商群体就必须谋求抱团发展，这样才能避免整个族群被剿杀的风险，才能继续保持中华文明的海洋族群的血脉。

1772年，时年已35岁的罗芳伯，与一百多名同乡一起来到婆罗洲。与其他同行者不同，罗芳伯是个乡村的"读书人"，只是屡试不第，这是否预示着他必将成为这个族群的首领？中国东南沿海，闽粤一带自明代中期以来一直是海洋文化与陆地文化较量的区域，当地海洋族群来自生命中的出海冒险欲望与农耕文明对这种渴望的压制、排斥使得这个族群的文化形态相当的纠结。至今，中国人的知识体系还在重复着传统文化排斥海洋文化的那一套词汇。

今天的西婆罗洲是印尼的领地，而当年只是一些生产力与社会组建较为低级的部落居住着，荷兰人的势力尚未进入。18世纪初或者更早，当地发现了金矿。当地的一些部落酋长到附近的文莱区域招徕了中国人——主要是客家人，前来开矿。这些土著酋长向中国矿工收取地租与税金，引起周边土著酋长纷纷效仿。今天能够还原当年的历史现场可能是这样的一幅场景：酋长纷纷委托已在西婆罗洲的客家人招募更多的乡亲族人前来开矿。这种机遇使得当年沿海的许多华人不顾危险，跨洋越海，来到西婆罗洲。

在罗芳伯到来之前，这些到海外的中国人都以地缘、族源、血缘聚集成各种小团体。其时，在西婆罗洲已有二三十个来自中国南方的以不同村落、族亲为关系形成的松散的小组织和"公司"，"公司"内部形成了一定的相互照应、帮助的体系。但是，这些组织之间形成的关系却是相互的提防、杀价，相互竞争，彼此之间不仅不能够保护同样作为华人群体在海外的利益，反而形成了恶性竞争。18 世纪 60 年代前后，西婆罗洲华人已成立了不少开采金矿的"公司"。

罗芳伯创立兰芳公司之前，那里已有将近 20 个华侨公司。华人公司大小不同，但有某些共同点——都是独立自治体、公司内部各级头领的选任都包含一定的民主程序。这些公司都是以某些姓氏、相邻的村庄或者地区为单位建成的。例如，兰芳公司组成人员皆来自广州韩江流域的嘉应与大浦；大港公司是由惠来、陆丰地区的吴、黄、郑三姓的族亲组成；三条沟公司则是来源于同一地区的温姓、朱姓族亲组成。

西婆罗洲到处是原始森林，荒无人烟，从生活到生产，从内部治安到边境保卫，一切都要依靠自己。金矿主通过租赁方式，从当地酋长那里获得自治权，有条件组建政府，管理和保卫公司。矿主与矿工多是同乡同族，关系比较平等，带有亲情乡谊，中国传统的乡村自我管理制度得以在海外延续。

1777 年成立兰芳公司时，罗芳伯到达婆罗洲仅 5 年。频繁而果断的联合与兼并，使他的队伍迅速壮大。他首先进入梅县人吴元盛开办、在当地已经很有影响力的聚胜公司，不久，罗芳伯在聚胜公司中声望日高，吴元盛不得不另谋出路。接着罗芳伯与大小华人公司展开合作、竞争与兼并。特别是对刘乾相部的兼并战争极为酷烈，"为数年来第一血战""尸横遍野，血流成渠"。当地土著政权的支持，也为罗芳伯势力的发展推波助澜。

由于罗芳伯打下的基础，加上其后三位总长的努力，到 1822 年，兰芳公司与三条沟公司、和顺总厅公司成为当地最有实力的采金组织，被称为西婆罗洲三大华侨公司。1885 年，在兰芳公司的第 12 任，也就是最后一任"大总长"去世之日，荷兰人进入了兰芳公司总部，强行解散了兰芳公司。

罗芳伯建成的兰芳公司属于什么性质，是人们经常谈论的话题。"共和国"的说法非常引人注目。历史学家、客家学研究专家罗香林说它是"完全主权之共和国"。"兰芳大总制与美洲合众国，虽有疆域大小之不同，人口多寡之各异，然其为民主国体，则无二也。""晚近国人之言民主共和者，皆言此制远肇于美，近行于法，而不知先民亦有是举。"这种说法今人多不能接受。[①]

兰芳公司确实是个独立自治组织，有自己的法律和军队，领导人选举不搞世袭。罗芳伯对清王朝牵肠挂肚，不但拥戴大清帝国，并且愿意作为清朝的海外藩国。[②] 事实上，罗芳伯建立兰芳公司后，还曾经遣使回国，觐见皇帝，请求称藩，想把西婆罗洲这块土地纳入清朝的版图，或者变成藩属国家。但这件事没有结果，当时清政府一方面竭力阻止人民出国，另一方面对已经移民于海外的华人百般刁难与摧残，例如，康熙五十一年（1712 年），为禁止南洋贸易，经九卿决议："凡出洋久留者，该督行文外国，将留下之人，令其解回立斩。"清王朝极度反对国人移民海外，将他们视为"天朝弃民"，而罗芳伯这一众移民至南洋，甚至在南洋建立了一个新政权的中国海洋族群更是清朝统治者的眼中钉，清朝的统治者根本不能容忍他们在海外建立了一个新的政权，因而兰芳公司在它存在的一百多年中始终都是一个由中国东南沿海的海洋族群建立并维系的独立组织。今天，兰芳公司作为一个"特区"更为合适。

---

①　章深：《罗芳伯和他的海外华人"共和国"》，2014 年 8 月 15 日《南方都市报》。

②　章深：《罗芳伯和他的海外华人"共和国"》，2014 年 8 月 15 日《南方都市报》。

四　马来亚"客家人开埠"

在西马，华人中曾经流行这样一句话："客家人开埠"。这句话的背景是什么呢？锡矿开采曾经是 19 世纪末马来半岛最主要的输出收入，以及认识到客家人在这个行业所扮演的角色之后，大可把"客家人开埠"视为客家先民从自身经验出发的历史记忆。

清代开拓马来亚的矿商和矿工是生死与共的共同体，他们以数千人的密集劳动力在异域的荒野垦殖，在缺乏地方法制与社会秩序的无人之地引进故乡以结义和均利为伦理的生活秩序，稳定自己开辟的矿区聚落，最后促进了新兴市镇的出现。从矿商开始实行的"公司"制度到后来流行的"贡纳"制度，以及相应而生的会馆发挥保护同乡对外尊严、养生送死与调解内部矛盾，都体现了客家矿商经营是同乡集体利己主张的领导者。[①] 这与客家人在西婆罗洲开金矿的情形是一样的。

客家人在马来亚采锡矿，最后形成了市镇，是有例可寻的。现在马来西亚森美兰州的首府芙蓉市及附近的芦骨镇，是在惠州地区的客家人经营的矿区的基础上发展成为城镇。森美兰州当时实行的采矿制度是这样的：华商给马来酋长投资与贷款，酋长将之提供给

① 王琛发：《异乡开埠：清代客家矿商在马来亚的成与败》，《孝恩杂志》2013 年 3 月 15 日。

采锡集团，采锡集团以高于市场的价格向酋长购买鸦片和杂货，把锡矿以较低的价格卖给酋长，酋长再转卖给在马六甲的债主。后来，酋长委任华人甲必丹作为对口的负责人，由矿商各自带领的采锡集团和马六甲的贷款商直接来往，他们则征收各种税务。

到 1860 年，芙蓉的矿工人数已经达 5000 多人。[①] 每天矿区都接纳为谋生而来的新人口，同样每天也要应付矿区上已有人口的消费和生产需求，矿区俨然发展成了市镇。

芦骨镇自 1815 年发现矿苗后引进华工，3 年后已经有 200 名矿工。[②] 到了盛明利的时代，采锡集团中大量人口和他们的日常需求进一步推动了芙蓉与芦骨镇的城镇化。1860 年，英国海峡殖民地驻马六甲镇守使麦法逊大尉（Captain Macpherson）领导英商观察团到雪兰莪，视察了当年尚属雪邦领地的芦骨镇，他在记录中写道："芦骨和雪邦各属比较起来，是一件极可惊奇的事。因为前者的设备足以和任何欧人所经营的殖民地相比拟。特别可惊异的，是芦骨能够很如意地从林深菁密的丛积中，突然踏上了文化的领域。"[③] 麦法逊大尉赞叹说："它那用碎石铺成的道路，填筑得又稳固又平整。在那唯一的华人市街中，所有砖柱板墙和瓦顶所构成的屋宇，排得又整齐又雅观。街边两旁的水沟，流通而整洁。高大巍峨的货栈，成丛成叠地矗立在沿河的岸上。单这种气象，已称得上繁荣到民股物阜的佳境了。至此，警员的服装，也和马六甲的相类似，警署内部的设备无缺。"[④] 麦法逊也对矿区劳工的娱乐消费十分感兴趣："此外，还有一事，使我们感觉到很有趣的，就是那间方形的建筑物的赌场，四门都有员警站岗，负责防护赌场的治安；虽则聚赌的

---

① 颜清湟：《森美兰史》，新加坡：星洲世界书局，1962。
② 转引自王琛发《异乡开埠：清代客家矿商在马来西亚的成与败》，载《客家研究大讲坛丛书》第 2 辑"多元一体的客家文化"，华南理工大学出版社，2012。
③ 王植原：《叶亚来传》，马来亚吉隆坡，艺华出版印刷有限公司，1958。
④ 王植原：《叶亚来传》，马来亚吉隆坡，艺华出版印刷有限公司，1958。

人已挤满了赌场，但是管理得体，秩序好到井然不乱。"①

马来西亚联邦西部土地的城镇有一个共同的特点：都是由客家人在此开矿后发展成为市镇，日常用语也是客家方言。

霹雳州的近打区，也是由开矿而形成市镇。1874 年之前，霹雳州的首府怡保只是一个小村庄。这个村庄以及邻近地区相继发现了矿苗，这一带成为世界上最大的产锡区。怡保在 1888 年后成为近打区内最大的城市，怡保附近的金宝也形成了市镇。

霹雳州的金宝和双溪古月成为河婆客家话通行的市镇，可见矿商的功劳：最早到金宝矿区谋生的河婆人是蔡聘和蔡指，他们都是逃避清廷缉捕的三点会首领。第一批人谋生有成，就吸引到同乡，其中包括富裕秀才子弟蔡子筠，他从老家带钱到金宝创业，先开杂货店，而后又到附近开矿。蔡子筠在双溪古月发现新矿，又从故乡招来刘、张、黄诸姓同乡，自己也在矿区开杂货店方便工人取食和寄存工资。之后，蔡聘等人也到双溪古月开设其他矿场。双溪古月在 1890 年本来罕有人烟，到 20 世纪初已转变为通行河婆方言的旺镇。②

据 1879 年的统计，整个近打区人口 8860 人，到 1891 年已增加至 49654 人，人口增长率达到 460.4%。③

以 1901 年的人口统计为证，锡矿最多地区也是客家人最集中的地区。单在霹雳州的近打区，以及当时还只是雪兰莪首府的吉隆坡，客家人的数量等于霹雳、雪兰莪、森美兰、彭亨四州府客家人总数的 2/3，而近打矿区的矿工，超过 80% 是客家人。④ 再以霹雳和雪兰莪两个锡矿产量丰富的州属来说，在清朝遭逢改朝换代的最

① 王植原：《叶亚来传》，马来亚吉隆坡，艺华出版社印刷有限公司，1958。
② 张肯堂：《河婆乡情录》，2001，第 72~73 页。
③ Lim Heng Kow, *The Evolution of the Urban System in Malaya*（Kuala Lumpur：University of Malaya Press, 1978）, pp. 60 - 61.
④ 刘崇汉：《西马客家人》，载赖观福编《客家源远流长——第五届国际客家学研讨会论文集》，马来西亚吉隆坡：马来西亚客家公会联合会，1999。

后 10 年，霹雳的客家人人口从 1901 年的 35642 人增加到 1911 年的 68825 人，而雪兰莪的客家人人口则是从 36897 人增加至 58316 人。由此可见，19 世纪中叶到 20 世纪初之所以有大量客家人陆续南下马来亚中部和北部，其中一大原因得力于各地区发现新矿苗，也应归功于矿商敢于冒险和承担亏盈。当矿商回到客家人地区招工，客家人口的快速成长是促进城镇发展的重要因素。

在加入"公司"时，工人们要在族群信仰的神前歃血为盟，誓约"自入洪门，尔父母即我父母，尔兄弟姐妹即我兄弟姐妹，尔妻我嫂，尔子我侄，如有背誓，五雷诛灭"。由此可见中国民间的"结义"文化在外国的流传，并成为维持公共秩序的手段。

"客家人开埠"的说法，其实还被客家先辈编成了"客家人开埠，广府人旺埠，福建人占埠"的顺口溜，形象地说明了矿区开拓的特点。各地区最初的开拓者多是客家人，但他们的生活所需，又依赖来自其他方言群的各行业工匠以及菜农。在矿区之间的乡镇总是人多、消费多，广州商人和工匠为了应付大家的日常要求，也进镇定居谋生，兴旺了镇容。最后，商业活跃了，原来当买办的福建人进来从商或者为原来的矿商引进竞争对手。

今天的新马地区是孙中山最重要的海外革命基地。这里有几个客家人值得一说。辛亥之前，萧官姐热心捐款支持革命，自谓倾家也甘心。其中甚至也有矿家子弟放弃了原来的安逸，无意于财产的继承权，更关心国事兴亡，在黄花岗七十二烈士中，原籍广东佛山的余东雄、原籍蕉岭的林明修，以及原籍增城的郭继枚，都是南洋客家商人子弟，家里都有矿业投资。

客家富商第二代参与革命的还包括张弼士的儿子张秩君，即使张弼士到了后期也在转变，他本身也捐出 20 万两白银。此际，19 世纪中叶照顾乡亲开拓马来亚生死存亡的集体利己主义，已经转而以关心全民族的生死存亡为重心。

从要求企业领导专业的狭隘角度去看，到了清朝最后的 20 年，本来就在马来亚处于弱势的华人矿家还要分心国家大事，还要暗中出钱出力，甚至付出生命，原本就很不利于企业的持续发展。从资本积累的角度，将资金转移去支持地下革命活动，不可能报税，甚至会招惹当地政府顾忌，也有害本来就受到限制的民族资本的积累。

可是，很多出生穷苦的大小矿商都是晚清动乱时代的亲历者，他们亲眼见过许多一起漂洋过海的同伴为了各种原因埋身异域，而且他们有机会从海外的体验中对比中西政经体制，更让他们得以一再思考从祖辈到他们少年时代的苦楚。从更高的角度看，他们或者因此而愈发经营不善，但他们焦虑着要结束全民族长期的流离动乱，选择了自我的牺牲，为客家矿商的人格精神作了最正面的注解。

五 跨洋越海再造家园

　　"新福州"的缔造者无疑是黄乃裳（1849～1924年）。黄乃裳的一生都在救国救民的道路上上下求索，百折不回，正如西方文学经典《浮士德》中的主人公浮士德，他更是中国海洋族群数百年抗争与精神历程的浓缩。仰望星空，我们同样发现中华文明的海洋荣光在天际闪烁。他们是：李贽、王直、郑芝龙、郑成功、罗芳伯、黄乃裳、陈嘉庚、张弼士等。他们是我们在建设海洋强国的今天，建设新文化的重要资源与基因。

　　1866年，17岁的黄乃裳成为基督教美以美教会的教徒。谈到成为基督教徒的原因，黄乃裳说：他因看了太多信仰孔孟之道的人言行不一与虚伪而感到困惑，而在基督教中才找到了战胜诸罪恶的途径。

　　在教会期间，黄乃裳有感于教会中缺乏有重大社会影响力的文人学士和上流社会人才，因此他决定走上传统的科举道路，通过科举仕途来扩大基督教的影响。光绪三年（1877年），黄乃裳以第二名中了秀才。光绪二十年（1894年），黄乃裳以第三十名中举人。

　　光绪二十年，中日甲午战争爆发。在黄海海战中，黄乃裳的三弟，担任致远舰副管带的黄乃模与邓世昌一起殉国。黄乃裳深慨国家内忧外患，政治腐败，社会堕落，于是弃八股而从新学。他在北京结交了康有为，并参与了"公车上书"运动。1896年，他在福州创办了福建最早的报纸《福报》，宣扬维新思想。光绪二十三年（1897 年）入京会试，被选为拔贡。八次上书要求维新。戊戌变法开始以后，结交六君子，并向李鸿章、翁同龢讲述新学，与丁韪良、刘海澜讨论维新变法。变法失败之后，遭清政府通缉，旋即回闽。

　　回到福建，黄乃裳念及福建民生困难，他想前往南洋寻觅可以移民垦殖的地点，一方面为穷困的同胞开辟生活的路径，另一方面也为逃避清廷的专制统治。1899 年，黄乃裳举家来到新加坡，在此期间，他到马来亚、苏门答腊、荷属东印度群岛等地勘察移民点。1900 年 4 月，在女婿林文庆（1869～1957 年）的介绍下，黄乃裳前往砂拉越的拉让江流域考察。当时，砂拉越地广人稀，荒地众多，因此拉者（马来西亚当时有一个白色拉者王朝，拉者是对领袖的称呼）很希望华人来垦荒。古晋的闽南籍华人甲必丹王长水（1864～1950 年）将黄乃裳引荐给砂拉越拉者查尔斯·布鲁克（Charles Brook）。1900 年 5 月下旬，黄乃裳以港主的身份与查尔斯·布鲁克订立"垦约"，选定今诗巫郊区新珠山为垦区。垦区在拉让江两岸，右起船溪美禄到罗马湾，左起亚山港到开汉港为止。砂拉越政府负责贷款给移民。双方达成协议，签订十七款条约，有"待吾农人与英人一例，所垦之地有九百九十九年之权利；廿年升科，每英亩纳税洋银一角；王家如需吾农已开垦之地，须照时价估买；吾农有往来自由，信仰自由，言论自由，出版自由，设立公司商业自由，购买枪械自由，航业自由诸权利；无纳丁税、无服公役、无当兵义务；凡违反民事在五元以下罚金之件，港主有自治之权。将其地改名为新福州，由王家通告各国邮政，以便通信诸条。"孙中山先生知道后，誉此条约为当时中国对外签订的第一个平等条约。

（一）第一批移民

　　1900 年 9 月，黄乃裳与永福（泰）人力昌抵闽开始招工。他在闽清、古田、闽侯等地招到五百余人，而力昌在永福只招到数人。1900 年 12 月 23 日，帮办力昌与陈观斗先行率领第一批移民 91 人由福州乘"丰美"号船动身前往诗巫。这 91 人都来自闽清、古田，男女老幼皆有，而且来自士农工商医等各行各业。8 日后船抵新加坡，翌年 1 月 12 日他们才接着前往诗巫，其间有部分人离开，因而 1901 年 2 月 20 日抵达诗巫新珠山的第一批福州籍移民共有 72 人。

（二）第二批移民

1901 年 2 月 7 日，黄乃裳亲自带领第二批 535 名福州籍移民由福州起航，经厦门来到新加坡。在新加坡，移民误信谣传以为被"卖猪仔"，一度发生骚乱。黄乃裳矢语发誓，并得美以美教会林称美牧师前来安抚，骚动才得以平息。1901 年 3 月 5 日，移民们乘船离开新加坡，经古晋入拉让江口，3 月 16 日，船中的古田籍移民在黄师来（王士来）登陆，闽清籍移民前往诗巫登陆。

（三）第三批移民

1902 年 1 月，黄乃裳在闽侯、闽清、永泰、古田、屏南、福清等县邑招到五百余农工。黄乃裳租用一艘美国商船，率移民于 1902 年 5 月 24 日由福州启程，经香港直达古晋，6 月 7 日到达诗巫。至此黄乃裳召集的一共 1118 名福州垦荒者全部抵达，其中基督徒占到了 2/3。

（四）垦场经营

黄乃裳将诗巫命名为"新福州"。为了经营垦场，黄乃裳前后两次共向拉者借贷 4 万元，建 6 间亚答厝于新珠山，作为农工的住处。新珠山早期名为"船溪买拉"（Sungei Merah），马来语意即红水河，因其水呈红褐色。黄乃裳更其地名为新厝安（马来语：Seduan），期望此地能顺利开垦安家。

为方便民众，黄乃裳在诗巫埠江边建立店铺，名为"新福州垦场公司"（也叫"新福州总公司"），仅出售米盐糖布和咸鱼等，以福州农工为主顾。因垦场经营困难，黄乃裳在新珠山、上坡、下坡、黄师来、南村等各垦场收十分之一的捐款来维持经营。在诗巫期间，黄乃裳倡建五所教堂，一所小学校。

黄乃裳由于长期劳碌奔波，病倒了。有人劝他留下遗书，他说："我一生奉行'三不主义'，一不买田，二不存款，三不盖房，遗产全无，写何遗嘱？要说遗嘱，我的遗嘱就是：垦地，都是大家的……"。

中国海洋族群一直以来都是追求理想、敢于创造的代表，即使是明代开始的海禁也没有阻止他们的脚步，他们仍旧拎着脑袋进行着所谓的"走私"、下南洋开展贸易，这就是中国海洋族群，而黄乃裳就是中国海洋族群的代表，他同"五月花"号的清教徒一样不安于现状，不断追求进步，跨洋越海再造家园。19 世纪末 20 世纪初的新珠山和 17 世纪时的北美一样，都是一个新垦区，地广人稀，荒地众多，基本没人居住，耕种等各类技术都很落后，也正是在这样的地方，福建人就能与"五月花"号的清教徒一样，在崭新的土地上依靠自己的勤劳与努力，不受任何束缚地凭借自己的双手建立自己的理想家园，而他们也做到了。

1903 年元宵，福州族群与后来迁入的广府族群在舞龙舞狮活动中发生械斗，经黄乃裳与广东侨领邓恭叔等排解才得以平息。此后为避免械斗，拉者令福州人往拉让江诗巫以下发展，广府人往诗巫以上发展。这种划分规定直到 1941 年才被打破。

1904 年，在开垦诗巫 4 年之后，黄乃裳将垦场的管理工作托付给美国牧师富雅各，悄然回国。黄乃裳为 1118 名福州籍同胞找到了"理想国"，而他还有更大的理想与心愿——回国革命，跟随孙中山，创建共和国。

光绪二十六年（1900 年）7 月，黄乃裳经新加坡抵达上海，在上海会见了旅沪闽籍学生以及宋教仁、蔡元培等人。1905 年受聘主办厦门《福建日日新闻》，因美国吞并菲律宾后严格限制闽人移民菲律宾，黄乃裳在报纸中抨击了美国政府，导致报纸被罚停刊，复刊后更名为《福建日报》。

光绪三十二年（1906年）6月，黄乃裳在新加坡会见了孙中山并加入同盟会，此后他在国内外各地宣传革命，抨击康梁的保皇说。光绪三十三年（1907年）参与策划了潮州黄冈起义，同年回到故乡闽清创办教育和实业。

宣统三年（1911年），黄乃裳担任英华、福音、培元三校教务长。2月，在福州主办《左海公道报》。福州光复前夕的3月18日晚，他将学生集合于自己家中编为炸弹队。当300多名学生集合完毕，需要一个旗手在队伍前举旗引路的时候，黄乃裳以63岁高龄担当旗手。在詹冠群编写的《黄乃裳传》中写道："旗手不用选了，我今年63岁了，剩下的日子不多了，就让我给大家当一回旗手吧！"3月19日福州光复，同孙道仁一起率桥南社党部入城安民并组织临时军政府，黄乃裳任政务院副院长兼交通司司长。为解决临时政府的财政困境，他以个人名义电请南洋华侨捐款。1914年，袁世凯为迫害同盟会会员，指使闽清县知事诬陷黄乃裳阻挠烟禁，并判其无期徒刑入狱。在海内外多方营救下，政府数月后释放黄乃裳。

出狱后，黄乃裳致力于在闽清开凿福斗圳用于农业灌溉，工程于1919年2月完工。1916年6月，黄乃裳在福州创办了《伸报》，虽然创办一年即被迫停刊，但受到社会的欢迎。

1920年12月1日，孙中山在广州重组军政府，为福建军阀李厚基所不容的黄乃裳离开福建，应邀出任元帅府高等顾问。1921年6月，黄乃裳因身体原因返闽休假。在福建期间，先后被林森和萨镇冰聘为福建省长公署高等顾问。

1924年7月，黄乃裳因肝病回闽清休养。同年9月22日病逝于闽清城关梅城镇。

黄乃裳一辈子都是那个风云变幻的时代旗手。

六　中国海洋族群的社会理想

　　柏杨在《中国人史纲》中对中国人在东南亚的发展有这样的简单记载：南宋以来发源于我国东南沿海的海权势力为了控制东南亚这一关键的海洋咽喉，先后建立的华人国家还有多个：广东省人吴元盛，在婆罗洲北部建立戴燕王国，自任国王，王位世袭，立国百余年，于19世纪亡于荷兰；广东省潮州人张杰绪，在安波那岛（纳土纳岛）建立没有特定名号的王国，自任国王，19世纪初张杰绪逝世，内部发生纷争，王国瓦解；福建省人吴阳，在马来半岛建立另一个没有特定名称的王国，于19世纪被向东扩张的英国消灭；还有暹罗王国的开国国王郑昭，当今泰国王族的血统其实是华人后裔，是华人少数统治一个海外国家的唯一例子。

　　人类自古以来就有选择自己生活的权利，有追求自由、生存与幸福的权利。英国人乘"五月花"号从欧洲来到美洲，而中国的海洋族群和美国人一样，他们也乘着属于他们的"五月花"号，到海外去，按照自己的方式，建设自己认为合适的、理想的家园。这就是中国东南沿海的海洋族群，他们宁愿拎着脑袋，也要去海外建设新家园，创造新生活。正由于海外华人的这种精神气质，方使他们成为孙中山所赞扬的"革命之母"。

　　二战之后，自1957年马来亚独立，一直到这个国家在1963年扩大领土到北婆罗洲的沙巴与砂拉越，改名"马来西亚"，马华公会至今仍是这个国家的联合执政党，而且一贯宣称代表马国华人。马华公会的创始人是陈祯禄。据当地官方教科书的说明，陈祯禄是当年带领马来亚华人参与争取独立建国的先驱。陈祯禄（1883～1960年）祖籍福建漳州南靖，祖父辈开始定居马六甲，主营船舶运输、橡胶业，是典型的峇峇。马来西亚创国总理东姑阿都拉曼在国会追悼陈祯禄时赞誉陈祯禄是"饱学之士、成功商人、能干政治家、献身人群的人、爱国主义者"。早在20世纪30年代，陈祯禄已经隐隐约约地透露出他不能接受殖民者固定地把"海外华人"和"客居"画上等号。在这一时期，陈祯禄的脑海中其实已经酝酿着中华民族对于海外各地拥有"开拓主权"的概念。"海外华人"应该在政治身份与经济身份上"落地生根"，享用自己劳动的成果，分享建设家园的智慧。

1932年12月23日公开发表在当地英文报《海峡时报》的《为何中国人感觉不安——马来亚之现行政策，兼论华人在本邦的前途》，是一份针对英国政府对华人政策的备忘录。陈祯禄在备忘录中一开始就揭发英国官员反对华人在马来亚取得土地种稻。他提出，好几代人都在马来亚聚居种稻的华人，再想在本土耕种都不受欢迎，他列举了一个英籍华人要采用现代机械方法种稻，却被迫到境外的暹罗南部另谋发展；反而外来的苏门答腊、爪哇以及荷属东印度各地的马来人种（Malays），可以拥有土地特权。陈祯禄从耕地问题说起，表示："吾人系甚同情马来人，并认为政府有扶助彼等之责任，因其与他族竞争之时，处于甚不利之地步。政府尽可以一切方法扶助彼等，只要不偏私地严重损害非马来人的利益。"[①] 他判断，英国政府在20世纪30年代起实施"优待一族，歧视他族"的政策，是第一次造成马来人与非马来人的裂痕，同时也是在制造"阶级门阀"，将来是英国人为统治阶级、马来人为二等阶级、华人

---

① 陈祯禄：《为何中国人感觉不安——马来亚之现行政策，兼论华人在本邦的前途》，载《陈祯禄爵士言论集》，新加坡：CRAFTMAN PRESS LTD.，1953，第1～2页。

及其他种族成为最卑贱阶级。陈祯禄一方面呼吁英国殖民者平等对待不同族群的人民，另一方面也在提醒华人同胞：作为移民族群要融入当地社会，不仅成为当地利益的创造者，也要成为当地利益的共享者。同时，陈祯禄一再呼吁华人文化的保持。1952 年 11 月 9 日，在全马华校董教联席会议上，陈祯禄重提他 1923 年在旧海峡殖民地议会的立场："失掉自己文化熏陶的人绝对不会变成更文明的……在政治上马来亚华人应该和其他打算住在马来亚的民族成一体，可是文化上，各民族独立保护自己的精神生活。"[①] 1953 年，陈祯禄在马华公会代表与董教机构的联席会议上，慷慨陈词："华人若不爱护华人的文化，英人不会承认他是英人，马来人不会承认他是马来人，结果，他将成为无祖籍的人。世界上只有猪牛鸡鸭这些畜生禽兽，是无所谓祖籍的。所以华人不爱护华人的文化，便是畜生禽兽。"今天，重温陈祯禄的这些话语，我们是否感受到在全球化的今天，中国人都应该有的一种文化姿态呢？

作为中国海洋族群的代表，罗芳伯凭借着他出色的政治才能，将海外华人的小组织不断整合，逐渐形成了队伍庞大的统一整体，他所带领的海外华人在婆罗洲的土地上书写了一段辉煌的历史，他们将自己的家园带到了婆罗洲，创造了他们理想中的生活，在另一片土地中依靠共同的努力建立了一个独特的属于他们的家园。兰芳公司的成立使得在婆罗洲的海外华人有了经济、政治等多方面的依靠，它在存在的 110 多年的时间里，坚持为在婆罗洲的海外华人谋求福利，推动经济建设，同时始终坚持作为中国人的文化属性，长期聘请大陆落第的秀才到兰芳公司开私塾，传授中国文化，把中国家庭伦理观念、从古至今灿烂的政治组织形式都搬到兰芳公司。

兰芳公司在成立了 15 年以后，由于其在南洋的特殊地位，欧洲不少的专家学者都觉得兰芳公司是个奇迹，许多国际专家学者高

---

① 陈祯禄：《一九五二年十一月九日全马华校董教联席会议，陈祯禄爵士演词》，载《陈祯禄爵士言论集》，新加坡：CRAFTMAN PRESS LTD.，1953，第 20 页。

度评价了大唐总长罗芳伯卓越的领袖才能和民主政治与经济振兴的重大成果，都想来看看。兰芳公司将海外华人聚集在一起，赋予每一个华人应有的权利，根据全部人民的意愿来选举出自己满意的领导，谋求全体人民的利益。兰芳公司的组织者和成员基本来自中国东南沿海，正是这些来自中国东南沿海的海洋族群突破了传统两千多年的封建帝制，敢于创新，为了实现和保护全体海外华人的利益，创造了全新的、具有进步意义的共和政体。在这个政体中，无论是闽南人还是客家人，都发展出了空前的组织秩序，与美国的《独立宣言》所倡导的相同，按照和平、民主的方式将民众组织在一起。同时，兰芳公司内部实行的是强烈的共和式民主精神，正如美国《独立宣言》所要求的政府是为了保障被统治者的权利而设立的一样，兰芳公司通过海外华人的选举，产生领导，领导的最终目的也是为了保障在婆罗洲的海外华人的各项利益。

一切对独立的追求都源于受到了不公正的待遇，个体的基本权益受到了损害，《独立宣言》的产生是这样，兰芳公司的成立也是这样。当形成了一个统一的、制度明确的独立体时，这个团体的力量就增强了。正如《独立宣言》在声明其作为自由独立的国家，完全有权宣战、缔合、结盟、通商和采取独立国家理应采取和处理的一切行动和事宜一样，兰芳公司拥有着在婆罗洲的所有海外华人群体的代表权，罗芳伯积极开办军械厂，铸造兵器；设税收督察官，实施征税来充实国库；征收商人的货物税，并且以出口创收，通过各项措施促进经济发展、文化进步、政治稳定，造就了婆罗洲华人贸易、生活的鼎盛时期。

中国海洋族群有着伟大的创造力，他们拥有着开拓创新、勇于追梦的精神特质，他们对更美好的生活的向往，推动着他们离开故土，来到新的土地上凭借着自己的双手、自己的智慧跨洋越海再造家园，他们一直以来都是不安于现状，不断创造新事物、新生活的族群，他们正是推动着人类文明不断发展的重要力量。

第 十 章

大航海成就的霸业与海禁之殇

农耕文明时代，人类生活在几乎隔绝而又各自独立的几块陆地上，没有哪一块大陆上的人能熟悉彼此，几乎每一块陆地上的人都认为自己生活在世界的中心。到了大航海时代，西方突破陆域限制，将过去处于分离状态下的世界各海洋文明连接在一起，世界海洋文明出现汇流与融合，人类掀起了海洋文明的新篇章。与此同时，中国官方却将陆地上的"长城"放到了海岸上，更要命的是，刻意打压本民族的海洋力量，错失了大航海时代带来的国际机遇。

　　西方各国在大航海时代做到上下一心、齐心协力，积极地走向海洋，变为海洋强国。欧洲各国君主鼓励、支持本国人民开拓新航线、探索新大陆的行为，不仅成就了各国当时的霸业，而且为各国在今天的世界地位打下了根基。

一 大航海成就的霸业

欧洲大陆的"边缘"地区，如意大利等国所在的亚平宁半岛、希腊等国所在的巴尔干半岛、西班牙和葡萄牙所在的伊比利亚半岛，以及英伦三岛，不是农耕文化的中心，却从来都是海洋交通与贸易的枢纽。

以英国为例，1558 年，英国伊丽莎白一世（Elizabeth Ⅰ）即位之后，为了扩张英国的海上势力积极地鼓励海盗活动。16 世纪后半叶，英国先后成立了莫斯科公司、东方公司、摩洛哥公司、几内亚公司、利凡特公司和东印度公司等贸易公司，向东西南北全方位地开辟海洋疆土。这些公司表面上是商业公司，实际上拥有贸易垄断和开发殖民地的权利，集军事、政治、经济团体于一身。作为英国政府的海外扩张力量，这些公司不仅使用各种手段在贸易中获利，而且还拥有占领土地、对当地人进行控制和管理的权力。

推动英国走上世界海洋舞台的，除了那些用王权支撑的贸易公司以外，还有一支由形形色色的个体组成的海盗力量。这支力量来自英国的民间，他们通过自身的"冒险"行为促成了英国与海洋的"联姻"，帮助实力尚薄弱的英国对抗强壮的西班牙、葡萄牙、荷兰等海洋竞争对手。据统计，1585～1604 年，英国每年有至少一百多艘武装商船出海，专门在大西洋和加勒比海劫掠西班牙运输船队，而每年的掳获平均可达 20 万英镑。同时，英王大肆颁发"私掠许可证"，为个体的海上武装力量提供支持，让其合法化。私掠许可证由一国政府授予本国私人船只在战争时期合法攻击和劫掠敌国商船的权力，它在国际法上的合法地位一直持续到 1856 年。

伊丽莎白时代出现的赫赫有名的海盗包括：法兰西斯·德瑞克（Francis Drake）、德瑞克的表兄约翰·霍金斯（John Hawkins）、托马斯·卡文迪什（Thomas Cavendish）等。这些海盗均持有女王颁发的"私掠许可证"，在加勒比海域、印度洋、太平洋、大西洋等海域不断袭击西班牙船队。出色的海盗船长成为英国民众心目中的"英雄"，英国上至女王，下到地主乡绅，都踊跃资助他们的劫掠行动。1577 ~ 1580 年，德瑞克率领三艘海盗船和两艘补给船从英国出发，前往美洲的太平洋东岸打击西班牙人。德瑞克沿途多次袭击西班牙船只和殖民地，获取了大量财富，其中最著名的就是 1579 年在巴拿马劫掠的西班牙宝船"卡卡弗戈号"（Cacafuego）。仅此一次，德瑞克就获得黄金 80 磅、白银 26 吨、银币 13 箱，以及数箱珍珠宝石。在这次远征中，德瑞克成功环地球一周，成为麦哲伦（Ferdinand Magellan）之后第二位完成环球旅行的探险家。德瑞克回国后，受到了隆重而热烈的欢迎。1581 年，伊丽莎白女王亲自登上德瑞克的旗舰"金鹿号"，在甲板上授予他骑士爵位，并任命他为普利茅斯市市长。在英国和西班牙正式开战之后，德瑞克和霍金斯等人还被任命为海军将领，带领英国皇家舰队与西班牙人作战，协助英国击败了西班牙人的无敌舰队。正因为伊丽莎白女王对海盗的支持，她被后世称为"海盗女王"，而当时的海盗也被称为"皇家海盗"（buccaneer），没有丝毫的贬义色彩。

如果仅仅认为海洋扩张是统治者与海盗的联盟那就错了。可以说，那是一个全民下海的时代，英国的知识阶层通过著书立说、发表演讲等方式，为英国的对外扩张摇旗呐喊。16 世纪七八十年代，约翰·迪（John Dee）、马丁·弗罗比歇（Martin Frobishe）、汉弗莱·吉尔伯特（Humphrey Gilbert）、沃尔特·雷利（Walter Raleigh)、理查德·哈克卢伊特（Richard Hakluyt）兄弟和弗兰西斯·培根（Francis Bacon）等学者纷纷提出了自身的海洋殖民主张。空想社会主义的创始人托马斯·莫尔为解决国内因圈地运动产生的失业、流浪汉、贫困等社会问题，在其名作《乌托邦》中提出了向外移民、建立殖民地以解决国内问题的思想。虽然莫尔反对不人道的掠夺，提倡殖民地和母国在文化上要互相融合；但他的思想理念客观上成为英国人开展海外掠夺和殖民活动的动力之一。莫尔的姐夫约翰·拉斯泰尔（John Rastell）同样有着向新大陆移民的思想，在戏剧《四元素本质》（*The Nature of the Four Elements*，1520）中，他向本国人民描述了传说中的"新大陆"。他这样写道："新大陆位于西方，以前我们从未听说过它，不论是文学作品还是其他文献，都不曾提及。但是现在有许多人去过那儿，这块陆地是如此之大，以至于所有基督教国家都能装下。"[①]

如果说莫尔和拉斯泰尔在对外扩张上表现出的是一种由新土地的广阔带来的兴奋感的话，那么理查德·哈克卢伊特的对外主张折射出的情绪更多的是一种落后者追赶先驱者的紧迫感和参与分享成果的焦灼感。1582年，哈克卢伊特发表了《关于美洲发现的几次航行》（*Divers Voyages Touching the Discovery of America*），指出："让我惊奇的是，自美洲第一次发现经历了90年时间以来，西班牙人、葡萄牙人进行了大肆征服与殖民，我们英格兰从未幸运地在这片未被他们占有的剩余的地方牢固地扎下根，这里是富饶与温和之所在。但是，现在我认为向所有人提供了机会，人们看到葡萄牙人的时代将成为过去，西班牙人的真面目和他们长期隐藏的秘密现在最终被揭开。"[②] 文中还提到了哈克卢伊特的一个巨大愿望，就是抓住

---

① 转引自Taylor. E. G. R.，*Tudor Geography 1485 - 1603*（London：Methuen and Co.，1930），pp. 15 - 66。

② 转引自Taylor. E. G. R.，*Tudor Geography 1485 - 1603*（London：Methuen and Co.，1930），pp. 15 - 66。

机会，参与分享葡萄牙人和西班牙人在美洲和其他尚未被发现的地区。次年，在接触到巴黎学者后，哈克卢伊特发表了著名的《向西殖民论》（*Discourse Concerning Western Planting*，1584），这一文章详细列举了海外探险、贸易将给英国的政治、经济、军事、社会、宗教等诸多方面带来的巨大利益，极大地诱惑了伊丽莎白女王及英国人向西开启新航路、开辟新世界。

除了知识阶层外，从事贸易的商人也公开为自己的行为增添光彩，以获得社会各界更大的支持。1621 年，东印度公司董事、伦敦商人托马斯·孟（Thomas Mun）出版了《论英国对东印度的贸易》（*England's Treasure by Foreign Trade*）一书。这本书是英国重商主义最重要的著作之一，书中清楚地表明："只有贸易顺差才能增加或保持我们已有的财富"，"商人是增加我国财富的主要力量"，"英国得自对外贸易的财富，或对外贸易的余额是我国财富的衡量尺度"，并列举了对外贸易带来的各种收益以及种种损害英国贸易与财富的行为。[①] 该书出版后，在英国引起了极大的反响，托马斯本人的事业也更加蒸蒸日上。亚当·斯密（Adam Smith）在《国富论》中评价这本书为"英格兰及其他一切商业国家政治经济学的基本准则"。

大航海时代，无论是贸易公司的和平扩张，还是皇家海盗赤裸裸的掠夺，都是推动英国走向海洋、选择海洋、构建海洋帝国的社会性力量。他们都得到了英国从上到下的支持。这种支持是英国国内民众、知识阶层对英国海洋扩张的态度反映。他们上下一心，最终使得本国向海洋强国的道路不断迈进。

反观同时期的中国，官僚阶层为了"独善其身"，无视沿海人民的利益，实行海禁。明洪武四年（1371 年）十二月，朱元璋的

---

① 转引自 Taylor. E. G. R.，*Tudor Geography 1485 – 1603*（London：Methuen and Co.，1930），pp. 15 – 66.

一纸禁令使民间航海和自由贸易趋于窒息，"禁滨海民不得私出海"。① 洪武十四年（1381 年）十月，朱元璋正式宣布"禁濒海民私通海外诸国"，② 洪武十七年（1384 年）更下令"禁民入海捕鱼"。③ 洪武二十三年（1390 年）又"诏户部申严交通外番之禁。上以中国金银、铜钱、缎匹、兵器等物，自前代以来，不许出番。今两广、浙江、福建愚民无知，往往交通外番，私易货物，故严禁之。沿海军民官司，纵令相交易者，悉治以罪"。④ 洪武二十六年（1393 年），由于禁令收效甚微，沿海商民多私下与诸番贸易香货，又专令禁止民间使用诸番香货："禁民间用番香、番货。先是，上以海外诸夷多诈，绝其往来，……而沿海之人，往往私下诸番，贸易香货，用诱蛮夷为盗，命礼部严禁绝之。"⑤ 洪武三十年（1397年）又"申禁人民无得擅出海与外国互市"。⑥ 此外，明王朝还把海禁以法律形式颁布全国。据《大明律》"兵律"中的"私出外境及违禁下海"条载："凡将马、牛，军需、铁器、铜钱、缎匹、绸绢、丝绵，私出外境货卖及下海者，杖一百，……货物船车并入官。……若将人口、军器出境及下海者绞，因而走泄事情者斩。"⑦《大明律》还严禁民间制造二桅以上的大船，违者重判。其时远洋通海，必须用二桅以上的大船，只有如此，才能有乘风破浪的可能。明政府为了达到海禁政策的彻底施行，可谓无所不用其极。宣德八年，明宣宗下令申严海禁："命行在都察院严私通番国之禁。……私通外夷，已有禁例。近岁官员军民不知遵守，往往私造海舟，假朝廷干办为名，擅自下番，扰害外夷，或诱引为寇。比者已有擒获，各置重罪。尔宜申明前禁，榜谕缘海军民，有犯者许诸

① 《明太祖实录》卷 70，"中央"研究院历史语言研究所，1962。
② 《明太祖实录》卷 139，"中央"研究院历史语言研究所，1962。
③ 《明太祖实录》卷 159，"中央"研究院历史语言研究所，1962。
④ 《明太祖实录》卷 205，"中央"研究院历史语言研究所，1962。
⑤ 《明太祖实录》卷 231，"中央"研究院历史语言研究所，1962。
⑥ 《明太祖实录》卷 251，"中央"研究院历史语言研究所，1962。
⑦ 怀效锋点校：《大明律》卷十五，法律出版社，1999，第 119～120 页。

人首告，得实者给犯人家资之半。知而不告，及军卫有司之弗禁者，一体治罪。"① 由明宣宗的这段申谕，为了鼓励人们告发私自出海贸易的人，宣宗明令给与告发者犯人一半的家产。对于私人出海贸易来说，这种上下结合的措施是很严厉的。清顺治十二年，首颁禁海令，不许片帆下海，违者按通敌论处。顺治十八年、康熙十七年又三次发布迁海令，强制闽广苏浙沿海居民内迁五十里，越界立斩，致使海岸线人烟绝迹，完全断绝了海外贸易。

海禁政策严重违背了近海人民群众的利益和愿望。千百年来，濒海人民以海为生，或渔或商。实行海禁，无异于断绝了他们的衣食之源。张燮在《东西洋考》一书中写到"一旦戒严不得下水，断其生路，若辈悉健有力，势不肯束手困穷。于是所在连结为乱，溃裂以出"。在海禁政策的影响下，这些基于沿海作业人民和商船之上的"朝贡"贸易和市舶司呈现衰败的迹象。

在西方开始大航海时代、官民上下一心打造海洋强国的时候，当时的中国官方却在守成维稳中无视人民群众的利益，落在了时代潮流之后。

① 《明宣宗实录》卷103，"中央"研究院历史语言研究所，1962。

二　倭寇是谁？

　　"倭寇"一词，我们可以分两部分来理解。首先是"倭"。"倭"是用来称呼日本的。在唐以前，中国史书上对日本的称呼皆为"倭"，如《汉书·地理志》、《魏志·倭人传》和《后汉书·倭传》等。先秦古籍《山海经·海内北经》中载："盖国在钜燕南倭北，倭属燕。"而在当时，燕地包括朝鲜半岛地区，"倭"也就有可能包含其中了。直到唐朝武则天以后，才有"日本"之名。再来看"寇"，一般对寇的理解就是强盗、侵略者等，用在"倭寇"一词上也正好符合。20世纪末出版的《中国历史大辞典》中有"倭寇"词条，将其明确定义为"明时骚扰中国沿海一带的日本海盗"。① 在大众的印象里，倭寇是日本强盗，戚继光则是扫荡倭寇的民族英雄。

　　在小学课本中，我们可以看到以下这些文字：

第28课　民族英雄戚继光②

　　明朝嘉靖（jiā jìng）年间，日本海盗（dào）经常在我国

---

① 中国历史大辞典编纂委员会编《中国历史大辞典》，上海辞书出版社，2000，第2472页。

② 《语文》（义务教育课程标准实验教科书 S 版）三年级下册，语文出版社，2005，第116～118页。

浙（zhè）江、福建沿海一带烧杀抢掠（lüè），无恶不作。老百姓十分痛恨他们，管他们叫倭寇（wō kòu）。

当时，有个叫戚继光的将领，看到倭寇横行，百姓受苦，朝廷腐（fǔ）败，非常愤慨（kǎi）。他决心招募（mù）农民、矿工，组织军队，抗击倭寇。招兵的布告刚一贴出，就有很多人前来报名。戚继光组建的军队很快就发展到三千多人。这支军队经过戚继光的严格训（xùn）练，纪律（lǜ）严明，战斗力很强，人称"戚家军"。

打仗的时候，戚继光总是身先士卒（zú），冲锋在前。士兵们见主将这样勇敢，斗志倍（bèi）增，奋不顾身，杀得倭寇东逃西窜。有的倭寇一边逃跑，一边抛撒抢来的财宝，想用这个办法阻挡后面的追杀。可是，戚家军官兵对金银珠宝连看都不看一眼，一心杀敌。就这样，戚家军军威大振，令倭寇闻风丧胆。

戚继光不但作战英勇，而且很有智谋（móu）。有一次，进犯福建的倭寇占（zhàn）据了一个小岛。小岛和海岸之间有一片浅滩。涨潮时，浅滩没入水中，小岛四周一片汪洋；落潮时，水退滩出，又是一片泥泞（nìng），人马一踏上去，就会陷进烂泥里。倭寇以为占据了这样险要的地形，绝对安全。戚继光仔细察看了地形后，命令士兵每人准备一捆干草，在一个大雨滂沱（pāng tuó）的晚上，坐船来到小岛附近。趁着落潮，他们把准备好的干草扔到烂泥里，铺成了一条路，奋勇冲上小岛，不到半天工夫，就把倭寇全部歼（jiān）灭了。

还有一次，正值中秋节，城中主力部队正外出作战，倭寇又趁机进犯。戚继光就让全城百姓，用绳子拖着石头满街穿行。倭寇听到城中轰隆轰隆作响，以为是千军万马正在调防，吓得掉头就跑。

戚家军和其他抗倭军队一起，经过多年奋战，终于解除了课本中将倭寇定义成在浙江、福建沿海一带烧杀抢掠、无恶不作的日本海盗，而戚继光带领的军队则是歼灭倭患的英雄。然而，事实真的是这样么？

在日本平凡社 1992～1994 年出版的《日本史大事典》中的"倭寇"词条，我们看到这样的解释："在朝鲜半岛、中国大陆沿岸与内陆、南洋方面的海域行动的，包括日本人在内的海盗集团。中国人和朝鲜人把他们称为'倭寇'，其含义为'日本侵寇'或'日本盗贼'。由于时代和地域的不同，倭寇的含义和组成是多样的，作为连续的历史事件的倭寇是不存在的。"[①]

此词条的撰写者——日本历史学者、倭寇研究专家田中健夫在他的其他著作中对此进一步做了解释。他称：倭寇是以东亚沿海海岸线、岛屿等广阔区域为舞台的海民集团的一大运动，其构成人员不只是日本人，也包括朝鲜人、中国人和欧洲人。因此，倭寇的问题与其说是日本史上的问题，不如说是东亚史或者世界史上的问题更合适。因为按照时期、地域、构成人员等的不同，可分为"高丽时代的倭寇"、"嘉靖大倭寇"、"中国大陆沿岸的倭寇"、"葡萄牙人的倭寇"和"王直一党的倭寇"等。其中，"嘉靖大倭寇"时期日本人参加数量很少，大部分是中国的走私贸易者及其追随者。这个时期，在东亚的葡萄牙人也被当作倭寇对待。而被局限定义为"日本侵寇"或"日本盗贼"的名词"倭寇"，一般见于中国与朝鲜文献，在日本文献中并不这样使用。

诸多学者在其论文与专著中对"倭寇"进行了挖掘解读。如日本学者大隅晶子在论文中说：倭寇通常大致分为活跃于 14 世纪后半期的"前期倭寇"和活跃于 16 世纪中的"后期倭寇"，两者的

---

① 转引自樊树志《国史概要》，复旦大学出版社，2004。

活动范围、目的、构成都是不同的。前者如同"倭寇"二字所显示的那样，是由日本人构成的，以朝鲜半岛为主要舞台，从事米和奴隶的掠夺；后者以中国浙江、福建、广东诸省的沿海地带为主要活动舞台，进行走私贸易，其构成人员是中国人、日本人的混合。①

倭寇活动最激烈的时期是明嘉靖年间、隆庆年间、万历年间，也就是后期倭寇，也称"嘉靖大倭寇"。

在国际上，葡萄牙人当时最迫切地是想在东亚海域增强海洋实力。明政府发现葡萄牙商人在广东屯门经商之后，于1521年令明军驱逐在屯门的葡萄牙商人，并阻绝安南、马六甲诸番舶，于是"诸番舶皆潜泊漳州，私与为市"。② 事实上，明政府所指的漳州、漳州府海面的地方和葡萄牙人所说的chincheo，就是九龙江口海湾地区。葡萄牙人改泊漳州后，九龙江口海湾地区成为国际走私贸易的中心，并暗中维持长达30年之久。此外，葡萄牙商人在开辟漳州国际走私贸易中心之后，又北上开辟了浙江舟山群岛的双屿。"佛朗机之来，皆以其地胡椒，苏木，象牙，苏油，沉、东、檀、乳诸香，与边民交易，其价甚平，其日用饮食之资于吾民者，如米、面、猪、鸡之数，其价皆倍于常，故边民乐与为市。"③ "其奸巧强梁者，自上番舶以取外国之利，利重十倍。"④ 根据费尔南·门德斯·平托（Fernão Mendes Pinto）《远游记》（*The Travels of Mendes Pinto*）中的描述，在1540年以后，葡萄牙人在双屿和浯屿建立了比较固定的"临时居留地"，其中双屿1200人，浯屿500人，在这里搭棚交易、存栈、过冬进而建有房屋。葡萄牙人仿照他们在印度果阿港的殖民方式，在他们的社区内建造官舍、居家、教堂、医院与贫民救济院等建筑物，并设置议会、裁判官、市政书记、警察

---

① 大隅晶子：《十六、十七世纪的中日葡贸易》，《东京国立博物馆纪要》1988年第23期。

② 《明世宗实录》卷106，"中央"研究院历史语言研究所，1962。

③ 林希元：《与翁见愚别驾书》，《林次崖先生文集》卷5。

④ 茅元仪：《海防六》，《武备志》卷214。

官、度量衡检查官、公证所、救济院等政府管理人员或机构，俨然形同外国人自治区。[①] 葡萄牙人把澳门、广东、福建、浙江等沿海城市同正在形成的世界市场逐渐联系在一起；同时，促使中国认识了西方，西方也认识了中国，极大地促进了世界对中国的了解，从而在日后很长一个历史时期内影响着中国与欧洲的交往。

而日本当时由于自身物产的匮乏，也迫切需要同中国进行往来贸易，因而与中国海商、葡萄牙人等共同进行海洋贸易。日本此时发现石见银矿，白银成为日本出口的主要商品。而中国江南一带，由于纺织业与陶瓷业等手工业经济的蓬勃发展，白银逐步成为市场的主要流通货币，社会需要大量的白银。中国本身白银产量不大，不从国外进口无法满足社会需要。正好当时日本社会处于地方割据状态，需要大量的服饰原料"白丝"、武器原料"硝黄"以及其他各种中国商品，这就构成了两国之间经济上互补的客观贸易条件。日本市场需要中国的商品，中国市场需要日本的白银。对日的互市意味着白银的流入，这就是中国海商热衷于对日本走私贸易的原动力。

面对这一形势，嘉靖帝很少采用招抚、外交等温和的处理手段，而多采取武力驱逐手段。我们将目光投到著名的双屿港之战，由于这里繁盛的海上走私贸易令明王朝无法容忍，嘉靖二十七年（1548 年），朱纨率官兵围剿双屿港，斩杀中外海商数百人，还烧毁了岛上建筑和港中船只，随后用沉船和木石将双屿港水道填塞，以斩草除根的手段将这个大港变成了一片废墟。余下的葡萄牙人逃往福建浯屿。此后，双屿港退出了世界贸易的舞台。

我们由此可以看出，中国的官方把这批葡萄牙海商、中国海商、日本海商一概当作了倭寇。

在中国的官方文献里，明嘉靖年间，御倭大臣王忬（1507 ~

---

① 〔葡〕费尔南·门德斯·平托：《远游记》下册，葡萄牙大发现纪念澳门地区委员会，1999，第 690 ~ 701 页。

1560 年）曾上奏朝廷，历数了最著名的倭寇头目："臣询访在海贼首约有百人，其雄狡著名者，徽州王五峰（王直）、徐碧溪、徐明山，宁波毛海峰、徐元亮，漳州沈南山、李华山，泉州洪朝坚。"全是安徽、浙江和福建人。随后明人郑若曾（1503～1570 年）编著的《筹海图编》中详列了危害最大的 14 股海盗首领的名字及籍贯等，也是清一色的中国人。

中国人在何时成了"倭"？我们知道，在嘉靖严厉的海禁法令下，入海者一旦事发，便可能株连九族，从沿海民众的角度考虑，冒充"倭"可以保护家人；而沿海官军遭遇动乱时，不管是不是倭寇，只要上报为"倭乱"，就可以把问题"政治化"，失败了容易推卸责任，成功了则奖赏更高。

《明世宗实录》记载："盖江南海警，倭居十三，而中国叛逆居十七也。"[①]《明史》中也提到："大抵真倭十之三，从倭者十之七。"[②] 而这已经是官方史籍中对真倭的最高估计了。

而在一些非官方文献，如官员和民间作品中，又是如何看待倭寇的身份问题呢？明代兵部侍郎郑晓（1499～1566 年）在他的《吾学编》中称："大抵贼中皆我华人，倭奴只十之一二。"[③] 福建长乐人谢杰（1536～1604 年）则在《虔台倭纂》中明明白白指出了倭寇首领的真实身份："倭夷……其为中国患，皆潮人、漳人、宁绍人主之也。"[④] 可以说，翻遍嘉靖年间的抗倭史料，倭寇首领中的日本人极为罕见，即使有，也是无足轻重的低等小头目。

这帮被朝廷定性为侵略者的"倭寇"，在东南沿海地区拥有令人难以置信的极高的民间支持度。据明人万表《海寇议》（1498～1556 年）中记载："杭城歇客之家，明知海贼，贪其厚利，任其堆

① 《明世宗实录》卷403，"中央"研究院历史语言研究所，1962。
② 《明史·日本传》，中华书局，1974。
③ （明）郑晓：《吾学编》上卷。
④ 谢杰：《倭原二》，《虔台倭纂》上卷。

货，且为打点护送。如铜钱用以铸统，铅以为弹，硝以为火药，铁以制刀枪，皮以制甲，及布帛、丝绵、油、麻等物，大船护送，关津不查不问，明送资贼。"近地人民，或馈时鲜，或馈酒米，或献子女，络绎不绝；边卫之官，有献红袍玉带者。如把总张四维，因与柴美德交厚，儿往来五峰素熟，近则拜伏叩头，甘为臣仆。为其送货，一呼即往，自以为荣。"① 负责"剿倭"的南京刑部尚书王世贞不得不感叹："今而郊之民寇也，郭之民寇也，自节帅而有司，一身之外皆寇也。"②

可见，所谓的"嘉靖大倭寇"其实大多是中国人，另有少量的日本人和当时进入东亚海域的欧洲人如葡萄牙人和西班牙人等。嘉靖倭寇大动荡是以葡萄牙人为代表的欧洲海商将中国拉动到世界贸易网络的海民大运动。

---

① 万表：《海寇议》，《玩鹿亭稿》第 6 卷。
② 王世贞：《岭南弭盗策》。

三　诱杀王直，官逼民反

谈到"嘉靖大倭寇"，"倭寇王"王直（1501～1559年）是必然要提及的重要人物。官方的《明史·日本传》里"嘉靖倭乱"几乎一半全是他的记录，各种纪略、方志和相关的民间传说更是浩如烟海。

王直（《明史》及部分作品中写作汪直）是嘉靖时期中国最大的海商头目，号五峰船主，徽州歙县人。"少不得志，任侠好义，在同伴中威信甚高。"青年时与徐准学业盐，后以"国中法律森严，动辄触禁"，转向海上走私贸易。

嘉靖以前，海上活动的规模仍比较小，大都分散进行，"各自买卖"。面对嘉靖时越来越严厉的海禁，海商们加强团结，以与官府周旋。当时，东南沿海的海商集团最强的两支是许栋和陈思盼，分别占据了双屿港和横港。王直在走私贸易中得到许栋集团的帮助，于嘉靖二十三年（1544年）加入该集团，逐渐成为主要头目之一。嘉靖二十七年（1548年）四月，双屿港被明军攻破，许栋逃去，余众遂推王直为首领，在舟山群岛的烈港重整旗鼓。嘉靖三十年（1551年）王直击败陈思盼后，成为东南沿海一带势力最大的海商集团公认的领袖，次年在舟山定海关称王建制，先称"靖海王"，后称"徽王"。此时是王直势力的全盛期，"控制要害，而三十六岛之夷地皆其指使"。①

王直集团主要通过海上贸易谋利，非常希望能有一个可以进行正当贸易的环境。在地方官"姑容私市"的暗示下，王直主动配合官府，平定了多股烧杀掠夺的海盗，同时正式向政府请求开海禁，允许与日本开展正常贸易。然而，面对王直的诚意，官府却置若罔闻。嘉靖三十二年（1553 年）闰三月的一个深夜，俞大猷（1503～1579 年）率官军偷袭烈港，烈港被毁。王直败走日本，在平户定居，建立了新的根据地。壬子之变是王直命运的转折点，之前把他当作友军的海道官方，此后开始把他视为"东南祸本"。双屿港和烈港的相继覆灭，让浙江的国际海上贸易网络遭受重创。

嘉靖三十三年（1554 年），同是徽州人的胡宗宪（1512～1565年）为了招降王直，先将王直的老母妻儿放出监狱，优裕供养；又派了两位使者去日本，同王直会面。王直提出"必须互市，海患乃平"，又表示"我本非为乱，因俞总兵图我，拘我家属，遂绝归路"。② 明使还会见了日本官方人员，三方达成合作灭倭、通商互市的协议。为了表示诚意，他先派义子王滶（即毛海峰）领军回国助官军剿贼，随后偕日本贡使僧德阳回到舟山，在岑港大兴土木，预备开市。胡宗宪要王直上岸接受官职，将互市的希望都寄托在胡宗宪身上的王直没想到，一去便被扣留了。

王直在狱中写下《自明疏》为自己申辩："窃臣直觅利商海，卖货浙福，与人同利，为国捍边，绝无勾引党贼侵扰事情，此天地神人所共知者。……如皇上慈仁恩有，赦臣之罪，得效犬马之微劳驰驱，浙江定海外港，仍如粤中事例，通关纳税，又使不失贡期；宣谕诸岛，其主各为禁制，倭奴不得复为跋扈，所谓不战而屈人兵

---

① 张海鹏：《借月山房汇钞·汪直传》，上海博古斋，1920。
② 转引自古鸿廷《论明清的海寇》，《海交史研究》2002 年第 1 期。

者也。敢不捐躯报效，赎万死之罪。"① 胡宗宪最初的确认为朝廷若能善用王直，可使倭患不剿自平，便向朝廷提出两种处理方案：一是将王直诛斩，以正国法；二是免其死罪，罚充沿海戍卒，"用系番夷之心，卑经营自赎"。然而，胡宗宪担心自己受到"收受王直贿赂"的弹劾，为求自保，不得不改变态度，重新表态："王直等实海氛祸首，罪在不赦，今幸自来送死，实籍玄庇，臣当督率兵将殄灭余党，直等惟庙堂处分之。"② 嘉靖三十八年（1559 年），王直在杭州被斩首。临刑时他不胜怨愤地说："不意典刑兹土！"③ 随后伸颈受刃。

　　王直的剿抚问题是东南沿海寇"暴乱"的关键转折点。王直之外，其他中国海商和海盗的命运亦十分悲惨：另一大海上势力的首领徐海（？～1556 年）在投降后仍被官兵围歼，走投无路，在平湖林埭镇独山塘投水而死。王直、徐海死后，倭患并未平息——诱杀王直，让朝廷在海商和海盗中信义尽失，他们谓明廷"不足信，抚之不复来矣"。王直养子毛海峰得知其义父被捕后大怒，先据岑港坚守，后突围南下占据福建浯屿，对明廷进行了疯狂的报复，闽广遂成倭患的重灾区，沿海县城纷纷沦陷，天下震惊。王直临死前所说的"死吾一人，恐苦两浙百姓"，④ 一语成谶。

① 采九德：《倭变事略》，转引自胡晨《明朝嘉靖时代的"海上王国"——汪直及其东亚海上贸易网络研究（1540－1560）》，硕士学位论文，中国海洋大学，2010。
② 《明世宗实录》卷 453，"中央研究院历史语言研究所"，1962。
③ 采九德：《倭变事略》，转引自胡晨《明朝嘉靖时代的"海上王国"——汪直及其东亚海上贸易网络研究（1540－1560）》，硕士学位论文，中国海洋大学，2010。
④ 采九德：《倭变事略》，转引自胡晨《明朝嘉靖时代的"海上王国"——汪直及其东亚海上贸易网络研究（1540－1560）》，硕士学位论文，中国海洋大学，2010。

四　从"余孽"到"郑成功"

明天启四年（1624 年），郑芝龙（1604～1661 年）的儿子郑森（后被明隆武帝赐名成功）（1624～1662 年）出生于日本肥前国平户岛上的川内浦千里滨。父亲郑芝龙为海商及海盗首领，于崇祯元年（1628 年）接受明廷招安，郑氏集团成为当时中国东南沿海及东南亚海域势力最大的海上集团。清顺治三年（1646 年），郑芝龙降清，南明隆武王朝倾覆，郑成功之母田川氏殉难。郑成功很是气愤，焚青衣告圣庙："昔为孺子，今作孤臣，向背弃留，各有作用，谨谢儒服，唯先师鉴之。"① 从此弃文从武，起兵反清。

郑成功"收兵南澳，得数千人"②，逐渐并吞了同属郑氏集团的从兄弟郑彩、郑联的势力，占领漳、泉、厦、金等地，继承了郑氏家业。他遥奉南明政权为正朔，坚持抗清，兵势日盛。郑成功长期坚持抗清的经济来源主要是大规模的海外贸易，即所谓以商利养军。郁永河在《伪郑逸事》中认为："成功以海外弹丸地，养兵十余万，甲胄戈矢，罔不坚利，战舰以数千计，又交通内地，遍买人心，而财用不匮者，以有通洋之利也。"③ 当时，清朝大臣亦认为：

---

① 连横：《台湾通史》卷 2，商务印书馆，1911，转引自郑绪荣编《潮汕历史资料丛编》第 16 辑，"郑成功在潮州活动资料"，潮汕历史文化研究中心，2007。

② 江日升：《台湾外纪》卷六。

③ 郁永河：《伪郑逸事》，载《郑成功史料选编》，福建人民出版社，1982，第 300 页。

"盖厦门一窟，素称逆寇郑成功之老巢，商贾泊洋贩卖货物之薮也，想诸臣之垂涎，已非一日"。① 清政府厉行海禁，不仅没有切断郑成功与内地的联系，反而让他乘机垄断了海外贸易。《伪郑逸事》一书分析到："我朝严禁通洋，片板不得入海，而商贾垄断，厚赂守口官兵，潜通郑氏，于是通洋之利，惟郑氏独操之，财用益饶"。②

当时，台湾处于荷兰人控制之下。荷兰人在抵达日本之后，于1609年（万历三十七年）在平户建立了贸易站。1624年（天启四年），荷兰人又向广东与福建试探，荷兰人看到，虽然明朝官方实行海禁政策，但是民间与葡萄牙人、西班牙人之间的贸易网络已经发展良好。荷兰人只得在台湾西岸海边设立据点，台湾由此成为中日走私者的贸易点。1633年（崇祯六年）料罗湾海战之后，荷兰知道中国沿海的贸易活动无法绕过郑氏集团，与郑氏集团达成协议，彼此进行贸易往来，台湾－中国大陆－日本－东南亚的四角贸易网开始建立。

1659年（顺治十六年），郑成功在进攻南京失败后返回厦门，决定跨海东征收复台湾，开辟稳固的抗清基地。1661年（顺治十八年），郑成功出奇兵取道鹿耳门港，利用涨潮时间一举击败荷军的拦截而成功登岸。接着，郑成功命令部队从水陆两路围攻热兰遮城。经过9个多月的战斗，荷军粮、药缺乏，疾病传染，战死病亡达1600多人，仅存700余名官兵，士气低落，但荷兰殖民者驻台长官揆一仍然拒绝投降，做困兽之斗。与此同时，郑军也面临极大的困难，坚城久攻不下，清廷又厉行海禁政策，欲置郑军于死地，导致不断出现士兵逃亡。1662年（康熙元年）1月，郑军逐渐缩小对热兰遮城的包围圈。城中荷军见大势已去，最后决定放弃抵抗，献城投降。2月1日，荷兰侵略者终于被迫在投降书上签字。此后，郑氏集团继续与清廷对抗，直至1683年（康熙二十二年）郑克塽

---

① 《刑部尚书交罗巴哈纳等残题》，载《明清史料》第1本，第19页。
② 郁永河：《伪郑逸事》，载《郑成功史料选编》，福建人民出版社，1982，第300页。

在成书于康熙年间的《清史列传》一书中，《郑芝龙传》被放在卷八十《逆臣传》中。这篇传记虽以郑芝龙为传目，实则包括郑氏几代的史事，以郑（森）成功的活动为主要部分，所以这篇"郑芝龙传"也就是"郑（森）成功传"。《清史列传》中另有《贰臣传》专门记载降清的明朝官员，如洪承畴（1593～1665 年）的事迹就被记载在《贰臣传》中的甲篇部分，这代表他在明朝位居高官，降清后又为清朝做出很大的贡献。按理，降清的郑芝龙也应属贰臣，不属于逆臣行列，因此，从清廷的这一安排中可以看出，清廷当时对郑家的基本定位是不忠不孝的叛乱之臣。传记描述"（成功）先为南安生员，后冒称明裔"，"寇广东潮州"，"益骄，要地及饷，不剃发，书词悖慢"，[1] 塑造的郑（森）成功是一个缺乏教养、顽固的寇贼，自立为王与朝廷对抗。文中与郑氏有关的词语往往为"余孽""伪""贼"等贬抑性字眼。乾隆年间，官方修订《八旗通志》，仍将郑氏列入《逆臣传》，将其视为国之边患。

清初的第一号"政治犯"，到清末却变成了清政府树立的"民族英雄"，究竟是什么促成了这一戏剧性的变化呢？晚清，中国的体制、文化等诸多方面都面临着来自海上的挑衅。为了应对这一危机，清廷必须从中国文化中寻找出一个曾经在海上击败过这一群人的英雄。这个时候，郑（森）成功"被发现了"。

同治十三年（1874 年），钦差大臣沈葆桢（1820～1879 年）去台后与台湾地方士绅交往，了解到当地对"国姓爷"郑（朱）成功的敬仰崇拜之情。当年年底，沈葆桢联合闽浙总督、福建巡抚、福建将军等官员奏请朝廷立郑成功祠，认为郑成功具有忠义精神，可作民之表率，有助于正人心。1875 年，得到光绪帝批准后，台湾官民筹集经费，拆除旧的开山王庙，从福州载来工匠、材料，将开

---

① 《清史列传逆臣传》卷 4，转引自李兴盛《中国流人史》，黑龙江人民出版社，2012，第 1441 页。

山王庙扩建成台湾少见的福州式建筑，并更其名为"明延平郡王祠"。沈葆桢亲写对联一副，赞郑成功："开万古得未曾有之奇，洪荒留此山川，作遗民世界；极一生无可如何之遇，缺憾还诸天地，是创格完人"。考虑到郑成功长期与清朝对抗，有着反清复明的印记，因此清朝官方在塑造郑成功时只强调其忠君爱国的忠义精神，并不涉及反清的议题。

在打压了100多年后，清朝官方终于一改对郑成功的负面评价，不再称之为"逆臣"，通过承认成功为"王"，清廷正式将郑成功纳入官方的官爵系统之中。只是，还留了一个"尾巴"，那就是使用了隆武帝之赐名——成功，不承认隆武帝之赐姓——朱，以"郑成功"称呼他，将其放回血缘而非文化的系列之中。官方的"郑成功"与闽台区域的"国姓爷"有了差别。其实，我们知道，郑森是中国人中最为国际化的，除了中文之外，日语、荷兰语、英语、葡萄牙语、西班牙语等多有他的资料，而在这些资料中，他是"国姓爷"而且该称呼以闽南语为标准音。

为了与中文知识体系相匹配，除了本小节之外，我们依然使用"郑成功"。

五 海洋族群的"国姓爷"崇拜

在中国官方通过各种途径打压、贬抑郑氏的时候,中国的海洋族群,特别是长期作为郑氏势力范围的东南沿海地区的人民,又是如何看待这位被清朝官方遗弃的"同乡"呢?

实际上,在主流的打压之下,民间仍有一股倾向郑家的暗流在涌动。闽台区域流传的各种有关郑成功的故事、海洋族群的祭祀崇拜活动及支持明朝或郑氏的文人共同构成了这股暗流。

1. 民间流传故事

闽台地区的人民用口耳相传的方式流传着种种郑成功的故事,通过对郑成功的神化来塑造他的威力与神力。在民间故事里,英雄诞生总是不同于俗人的。白鲸化身的故事提到,在郑成功诞生前,平户岛周围就有异兆。"传说海涛中有物,长数十丈,大数十围,两眼光烁似灯,喷水如雨,出没翻腾鼓舞,扬威莫当。通国集观,咸称异焉。"这个异象持续了三天三夜。此时郑成功的母亲因肚子疼痛,昏迷之中梦见众人都在岸边看鲸鱼在水里欢腾跳跃,结果白鲸对着郑母直冲而来,郑母吓得当场晕厥过去,醒来后已经分娩产下郑成功。①

此外,郑成功驻扎过的地方也演绎着各自有关他的故事,如苗

---

① 江日升:《台湾外志》,齐鲁书社,2004,第7~8页。

栗铁砧山的国姓井、台南的郑女墓。铁砧山因为外观酷似铁砧而得名，山上有一口老古井——"国姓井"。相传郑成功在率领众兵经过此山的时候，因为天气炎热，无水可饮用，士兵、战马病死伤亡很多。郑成功拔剑刺向地面，跪地祈求能涌出泉水，忽然地面裂开，宝剑真的沉了下去，涌上了神泉，解除了当时的困境。此后人们为感念这一奇迹，就称这口神奇的水井为国姓井或剑井。还有台湾南部恒春一带的郑女墓，传说是郑成功埋葬自己女儿的地方。每年到了清明时节，从台南的乌山内会飞出白雁数百群，直至墓前，悲鸣不停，在郑女墓停留一个晚上，第二天飞回乌山。乡民传言这些白雁是郑成功女儿的魂化成的。

尽管史料并未证实郑成功曾经到过这些地方或有过上述经历，但是白鲸化身、国姓井、郑女墓等传说在郑成功去世后依然在闽台地区不断地演绎、流传。这些故事的背后显然饱含着乡民对国姓爷的深刻怀念与崇敬，感念郑氏家族在闽台区域的功劳与贡献。

2. 民间崇拜活动

（1）公共祭拜

编撰于康熙三十四年（1695 年）的《台湾府志》记载，在承天府（今台南市）东安坊有一座"开山王庙"，但并未说明祭祀的神明是哪位。实际上，当地乡民私下以"开山王"的名义偷偷祭祀郑成功，纪念郑成功开拓、经营台湾的事迹。由于在郑克塽归顺后，郑家处于被打压排挤的境况，官方严格禁止百姓祭祀郑成功，这座庙在当时其实是私庙。在距离赤崁楼直线距离约 1 千米处还有一座"三老爷宫"，里面祭祀的"朱王爷"实际上也是郑成功。郑成功攻打赤崁城后，明朝遗老及群众崇仰其功德，塑造金身膜拜。在郑氏归顺后，为安全起见，因为郑成功获赐有明朝国姓，他们就将郑成功改称"朱王爷"来祭拜。

（2）私人祭拜

除了这些大众祭祀行为外，也有民众将郑成功供奉在家中，为其设神位牌。广东客家人徐俊良，原来是郑成功军队中的管粮官，在郑克塽归顺后被清廷遣回原籍。康熙四十五年（1706 年），他混入垦荒移民中间偷偷潜回台湾，集资在凰山（今台湾屏东地区）购买土地，并招募家乡人到此垦荒定居，逐渐成为该地移民的一位领袖。由于他对郑成功怀有很深厚的感情，便在自己的住处摆设郑成功神位牌进行祭祀。

此类祭祀活动一般偷偷进行，天高皇帝远，朝廷鞭长莫及，同时这些活动以和平的方式进行，没有明显的反抗之举，因此虽然比较忌讳，但还是能够存在下去。此后，郑成功的信徒、信仰活动越来越多，奠定了郑成功在民众心中的崇高地位。

（3）文人手抄本

除了闽台地区的普通民众外，清初也有文人支持郑氏家族。他们或是明朝遗老，或曾跟随郑氏多年，从自己的角度编写明郑历史，写成书稿，但因时势关系，这些书稿无法正式出版，只能以手抄本的方式在暗地里流通。《先王实录》的作者杨英是郑成功手下的一个户官，书中记录了郑成功自永历三年（1649 年）至永历十六年（1662 年）的大小征战，从书名就可看出杨英对郑成功的崇拜之情。① 厦门人阮旻锡是郑成功设立的储贤馆的成员，托名“鹭岛道人梦庵”著有《海上见闻录》，鹭岛即厦门。阮氏称郑成功以“两岛弹丸之地，奉遗明正朔，而控天下之兵……此古来史册所未有之事，而不可使泯灭无传者也”，② 这些文字同样充满了他对郑成功的敬仰之情。

---

① 杨英撰，陈碧鉴校注：《先王实录校注》，福建人民出版社，1981，第 1 页。
② 阮文锡：《海上见闻录定本二卷》，八闽文献丛刊，福建人民出版社，1982，第 1 页。

六　海洋时代的新英雄

不同时代需要不同的语言体系和自己的英雄。农耕文明时代需要的是孝子忠臣，而海洋时代需要的是王直、郑成功这样的"叛子逆臣"，他们具有与英国清教徒类似的开拓精神，致力于开拓海洋族群的理想社会。

郑成功具有卓越的胆略谋识，带领郑氏集团走向了鼎盛时期。从郑芝龙、郑成功到郑经，郑氏海商集团表现出了一切早期国家资本主义商业文化的特征。郑氏集团采取五大商的组织形式。五大商，指的是设在杭州附近的金、木、水、火、土陆上五商和设在泉州附近的仁、义、礼、智、信海上五商。海陆五大商分工合作，陆五商先行领取公款，采购丝货及各地土产，将货物送交海五商，再向国库结账，并提领下次的购货款；海五商接到货后将其装运出洋贸易，待返航后同国库结算。郑氏主要的贸易对象是日本，辟有从安平直达长崎的航线，与东南亚的吕宋、暹罗、柬埔寨、越南等地的贸易关系也很密切，在东亚海域构建起了一个庞大的海上贸易网络。

16 世纪以来，面对西方各国掀起的"挑战海洋"的新形势，虽然中国政府当局不予理睬，一意孤行，实行海禁政策，但是以王直、郑成功为首的中国海商对此做出了有力的回应。中国海商构建下的东亚海上贸易网络，一方面满足了西方各国、东南亚各国以及日本对中国奢侈品的需求，另一方面通过创造大量白银收入缓解了明王朝白银短缺的局面，同时也改善了部分中国人民的生活质量。

当年，英吉利海峡的海盗法兰西斯·德瑞克，同样亦商亦盗。但英国皇室对德瑞克采取怀柔政策，借助他进行海外扩张，后来德瑞克成为英国政府开拓海外的"急先锋"，为英国的全球扩张立下了汗马功劳。直到今天，很多人还在为此叹息：如果明朝政府像英国皇室对待英国海盗一样对待中国的海商集团，如果嘉靖帝同意了王直的"互市"主张，那么，中国的双屿港完全有可能发展成为全球著名的贸易港口。由于明王朝在当时的贸易体系中占据绝对的主导地位，一旦"互市"得到明朝政府的支持，那么世界各国的贸易往来在以中国为核心的前提下，完全可以以一种更加公平、更加友善、更加和谐的方式进行。

历史从来不相信"如果"与"假设"，今天，我们应将目光投注中国的海洋族群身上。他们身上所代表的中国海洋文明正是现今建设海洋强国、实施"一带一路"战略的所要挖掘的文化资源，而他们勇于拼搏的海洋精神一直奔腾在子孙后代的血液里，未曾消亡。

第 十 一 章

中国物产影响世界（上）——茶

一 "茶神"与北苑茶

虽然在中国是不是茶的原产地这个问题上，国际学术界还颇有争议。但是，将茶这一植物驯化为与人类生活与文明密切相关的事物，应该是中国人的智慧。追溯历史，唐人陆羽（733~804年）在《茶经》中曾说"岭南生福州、建州、韶州、象州"，又云"……福、建、韶、象十一州未详，往往得之，其味极佳"。① 产于福建的"方山露芽""鼓山半岩茶""武夷茶"是中国最早的名茶，并被列为贡茶。宋元时期，武夷山建安一带流行"喊山"习俗，《福建通志·方偕列传》载："县产茶，岁以社前调民数千，鼓噪山旁，以达阳气。"② 从"调民数千"去"喊山"来看，当时建安茶叶生产规模已经相当大，而这都源于"茶神"——张廷晖的出现。

五代十国时期，张廷晖是建州吉苑里的一位茶园业主，他于闽龙启（地方小政权闽惠宗王延钧的年号）元年（933年）将其住地凤凰山及其周边30里的私人茶园敬奉给闽国，随后该处被设为"御茶园"——这就是历时458年，经历了唐、宋、元、明四个朝代，在中国茶叶发展史上写下最辉煌壮观一页的"北苑御茶园"。

① 陆羽：《茶经·八之出》，转引自陈祖椝等《中国茶叶历史资料选辑》，中国农业出版社，1981，第17页。
② 转引自郑学檬等《论宋代福建山区经济的发展》，《农业考古》1986年第1期。

历代朝廷都在建安北苑建立"龙焙"并遣使臣督造贡茶。

张廷晖之所以能够成为茶神，不仅仅因为其捐献了茶园，更在于他在宋代的制茶技术上，特别是从蒸青碎末茶向研膏茶演变发展中做出了重要贡献。张廷晖本是一个经验丰富的茶商，他制茶有术，曾制出当时工艺要求极高的"蜡面茶"。在他病逝后，茶农、茶工把他奉为茶神，在凤凰山建起"张阁门使庙"，因张氏号三公，故该庙又被称为"张三公庙"。后来，随着北苑茶的扬名，朝廷对张氏也不断追褒。南宋绍兴年间（1131～1162年），宋高宗赵构为"张阁门使庙"赐匾"恭利祠"，追封张廷晖为"美应侯"，累加"效灵润物广佑侯"，其后又将其赐封"世济公"，并追封其妻范氏为"协济夫人"。① 张廷晖作为福建北苑御茶的创始人，受到皇帝的赐封和宋廷的褒奖，成为世人尊敬的茶神，他是中国茶史上唯一受此殊荣的制茶人。

张廷晖对制茶技术的改良，再加上御茶园受到政府的高度重视，北苑的制茶工艺等得到很大提高，茶品名冠天下。北苑精制茶的品种就不断更新迭出，共达四五十种。《宋史·食货志》载："茶有两类，曰片茶，曰散茶。片茶蒸造，实卷模中串之。唯建、剑则既蒸而研，编竹为格，置焙室中，最为精洁，他处不能造。"② "片茶"就是"饼茶"。片茶，特别是北苑所产"龙团凤饼"的制作技艺代表了宋代制茶技艺的顶峰。

宋徽宗赵佶最爱北苑茶，亲自撰写了《大观茶论》，详细记录了建安茶的历史、产地，以及种植、制造及冲泡的全过程，称北苑"龙团凤饼，名冠天下……采择之精，制作之工，品第之胜，烹点之妙，莫不盛造其极"。③ 由于宋徽宗酷爱北苑白茶，遂以其"政

---

① 黄仲昭：《八闽通志》下册，福建人民出版社，1991，第380页。
② 转引自叶文程等《福建陶瓷》，福建人民出版社，1993，第200页。
③ 赵佶：《大观茶论》，《茶录外十种》，宋元谱录丛编，上海书店出版社，2015，第39页。

和"年号赐予当地作为其县名。他饮茶偏爱用"建盏",他认为"盏色贵青黑,玉毫条达者为上",而这里的建盏随后传至日本,深刻地影响了日本的茶文化。

龙凤团茶制作工艺复杂,产量稀少,因此民间流传有"黄金易求,龙团难得"的谚语。当时能够被朝廷赐龙凤团茶是一种宠幸和身份等级的象征。欧阳修在《龙茶录后序》中写到:"虽辅相之臣,未尝辄赐,惟南郊大礼致斋之夕,中书枢密院各四人共赐一饼。"梅尧臣的《七宝茶》有句"啜之始觉君恩重,休作寻常一等夸";王禹偁的《龙凤茶》有句"爱惜不尝惟恐尽,除将供养白头亲",① 可见当时的官员对所得之龙凤团茶十分珍视,为示孝道,还将此贡茶敬奉双亲。

蔡襄(1012~1067 年)的《茶录》是仅次于陆羽《茶经》的一部重要的茶学著作,也是将北苑茶叶推向巅峰的重要推手。蔡襄在《茶录》中称赞北苑茶:"茶味主于甘滑,唯北苑凤凰山连续诸焙所产者味佳。"② 北苑茶还是文人骚客争先吟咏的对象,如陆游的《建安雪》中写道"建溪官茶天下绝,香味欲全须小雪",范仲淹的《和章岷从事斗茶歌》中写道"溪边奇茗冠天下,武夷仙人从古栽"和苏轼的《惠山烹小龙团》写道"独携天上小团月,来试人间第二泉"等,单是宋代名家赞咏北苑茶、建安茶的诗词就达200 多首。

有了最高统治者的肯定和各类文人的赞美,闽茶声名远播,处于宋代茶文化的制高点。闽茶不仅在国内名声显赫,而且是中国的外销宝货之一。

---

① 陆羽等:《茶经·续茶经》,新世界出版社,2014,第 329 页。
② 蔡襄:《茶录》,《茶录外十种》,宋元谱录丛编,上海书店出版社,2015,第 12 页。

二　中国茶——"一带一路"的核心交易物

今天，"一带一路"是中国人生活中的"热词"，"一带"是中国西部向中亚甚至向更西延伸的地理空间；"一路"是中国沿海向南、再向西的区域空间。那么，"一带一路"在区域上有接合部吗？答案是肯定的，这个接合部就是福建的武夷山地区。那武夷山何以成为"一带一路"的接合部呢，答案落脚于武夷山的茶。武夷山的茶下海使得海上丝绸之路茶香浓郁；向西、向北则牵起了万里茶道。武夷山是"一带一路"的接合部，武夷茶呢？是"一带一路"的核心交易物。

中国人把茶叶销往国外，据传已有两千多年的历史，但有据可考的时期，还是在6世纪以后。茶叶首先传到朝鲜和日本；随后通过丝绸之路、万里茶道和茶马古道传到中亚和东欧；17世纪初，中国茶沿着古老的海上丝绸之路到达西欧，又随着欧洲人的脚步传往北美，最终传遍全球。全球现已有60余个国家实现人工种茶，年产茶400多万吨；160余个国家和地区的人民普遍饮茶，茶叶成了惠及40余亿人的大众化健康饮料。

历史上，中国人通过四条道路，与世界上不同文明、不同区域和不同文化的人民建立了非常积极的关系：一是以西安为起点的陆上丝绸之路；二是以中国东南沿海为主要枢纽的海上丝绸之路；三是以武夷山为起点、通往俄罗斯的万里茶道；四是从中国东南出发，穿过西南向印度半岛延伸的茶马古道。在这四条向外交通的道路上，茶都是不可或缺的物品。

除了经济价值之外，茶叶也具有高度的文化价值。这四条古道不仅仅是中国与各国之间物产交换和商业贸易的通道，更是中外文明交流与对话的重要桥梁。作为中国文化的独特载体之一，茶叶和丝绸、瓷器等产品一起，随着商业活动向世界各地传播，融入当地人民的日常生活中，进而对世界文明的进程产生了一定的影响。

以茶叶为核心，陆上丝绸之路、海上丝绸之路、万里茶道、茶马古道四条重要对外交往的贸易通道在福建交会。福建不仅仅是"一带一路"的接合部、中国内陆文明和海洋文明的交会处，更是历史上以"茶"为载体、向世界传播中华文明的核心区域。在英语中，茶名为"Tea"，发音是［ti：］，德语是 tee，荷兰语是 thee，西班牙语是 té，法语是 thé，意大利语是 tè。在这些语言中，"茶"的发音与基于中国北方方言的普通话"茶"（cha）的发音不同，而是闽南话"茶"的"借音"。英国早期以"rha"来称呼茶，但从厦门进口茶叶后，即依闽南语音称茶为"tea"，又因为武夷茶茶色黑褐，所以称之为"black tea"。此后，英国人关于茶的名词有不少是以闽南话发音为参照的，如早期将最好的红茶称为"bohea tea"（武夷茶），以及将后来的工夫红茶称为"congou tea"。目前，世界各国的茶文化中无不留有福建的痕迹。

三　茶在日本

　　"茶道"是日本最引以为傲的民俗传统，日本人把茶道视为一种修身养性、提高文化素养和进行社交的手段。日本盛行的抹茶道和煎茶道都源于中国，在传播和成型过程中与福建茶文化密切相关。

　　说起日本的抹茶，要从福建斗茶之风讲起。五代时期，建安茶农就已有了斗茶的习俗，以审评茶叶质量和比试点茶技艺。斗茶在宋代发展到顶峰，逐渐成为鉴尝茶品、冲泡茶艺的盛会，从统治者到庶民百姓，皆纷纷效仿，蔚为风尚。宋代中国的斗茶风俗辗转流传到日本，成为日本茶道兴起的重要契机。

　　日本茶道盛行起源于日本对中华文明的倾慕，这种倾慕具体表现在对传到日本的"唐物"的崇拜和对中国生活方式的模仿。其中，漂洋过海的建阳窑黑釉盏"建盏"，成为连接日本与宋代社会的特殊文化载体。日本茶道经历了初创期的僧侣茶、东山时代的贵族茶，以及 15 世纪以后的平民茶，无论在哪个时代，产自福建的茶碗都有极大的影响。日本人也给这些茶碗以极大的尊敬，尊其为圣物。其中，以"曜变"天目碗传世价值最高，目前仅有三件，分别为日本东京静嘉堂文库美术馆、大阪藤田美术馆和京都龙光院收藏。宋代产于福建建窑的"曜变""油滴"等四只建盏更是被认定为日本的国宝，构成了日本文化的一个部分。另外，宋代建州的图书"建本"同样广销海外，建安的斗茶程序随着蔡襄的《茶录》等"建本"茶书传到日本，深深影响了初创的日本茶道。

在明代朱元璋"改团为散"之后，中国的茶具和茶文化都出现了许多新的变化。明代的叶茶泡饮法在传入日本之后，形成了煎茶道。此时的日本处于锁国时期，只有长崎允许中国商人和荷兰商人自由进出进行贸易活动。同一时期，中国明朝政府实行海禁政策，迫使中国东南沿海的海商滞留于海外。当时，功夫茶在福建已经广为流行，聚居在日本长崎一带的福建海商就把家乡的饮茶方式带到了日本，成为日本长崎人争相模仿的对象。这种全新的饮茶方式经由长崎，传往日本文化政治的中心京都，促进了日本茶道的新发展和煎茶道的产生。

福建功夫茶对日本抹茶道的影响主要在饮茶的基本方式和基本用具等物质表象上，而明朝末年福建黄檗宗和日本文化的内在相结合，构成了新兴煎茶道的精神核心。滕军在《中日茶文化交流史》中指出，日本煎茶文化"吸纳了中国明代文士茶的文化精华，以长崎传入的中国茶书为参考，将传入的明清茶具作为器皿，以日本自创的煎茶和玉露茶为核心，展现出融汇了中国茶文化精髓又独具特色的日本茶文化"。① 值得一提的是，1654 年（顺治十一年）日本黄檗宗创始人隐元大师在东渡日本弘扬佛法之时，乘坐的正是郑氏家族的"国姓爷"的海船。

---

① 滕军：《中日茶文化交流史》，人民出版社，2004。

四　茶在欧洲

在英语里，我们经常听到 tea time，tea brunch 等词，这些关于"tea"的词的出现，实则源于茶叶对英国工业革命时代的意义。

中国茶叶，特别是武夷红茶输入欧洲是闽商与荷兰人共同协作的结果。16 世纪末荷兰在东南亚建立了东方产品转运中心，在这个传统的中国海商活动区域里，闽商开始向荷兰人推销茶叶。周靖民在《清代华茶的出口贸易》一文中指出："明季已有荷兰商人在爪哇、万丹（现均属印度尼西亚）首次购到由厦门人运去的茶叶。"①美国人威廉·乌克斯于 1953 年在《茶叶全书》中记载："荷兰东印度公司 1607 年自澳门运载若干茶叶至爪哇，是为欧人自东方所设根据地起运茶叶之最早记录。"②此茶据多方学者考证，被一致认为是来自中国的武夷茶。

我们知道，最早进入欧洲的是绿茶，后来在西方社会风靡起来的茶叶品种却是红茶。而红茶的"诞生地"是中国福建武夷山，"正山小种"为红茶之母。在明末某年的一次制茶过程中，由于意外——一群土匪进入茶区，茶农避祸而去，回来后，发现茶叶已全发酵——出现了一个新的茶叶种类。当地人不愿饮用这种异类的茶

---

① 转引自邹新球编《世界红茶的始祖——武夷正山小种红茶》，中国农业出版社，2006，第 19 页。

② 转引自萧天喜编《武夷茶经》，科学出版社，2008，第 277 页。

叶，便由茶农送到茶市贱卖。茶市行商购买后运到厦门，由专营海外贸易的闽商乘每年 10 月、11 月的季风运到印度尼西亚的巴达维亚，与从西面来的荷兰商人贸易。1610 年，荷兰人首次将正山小种红茶带回欧洲，从此，形成一个正山小种红茶从产区到欧洲的完整贸易网络。

1650 年以前，欧洲的茶叶贸易几乎被荷兰人垄断。1644 年，英国东印度公司在厦门设立贸易办事处，开始与荷兰人在茶叶贸易上竞争。通过 17 世纪中叶的三次英荷战争，英国打败了荷兰。1669 年，英国政府规定茶叶由英国东印度公司专营，从此，英国人直接在厦门收购武夷茶，英国东印度公司取代荷兰人垄断了欧洲的茶叶贸易。这也是英国取代荷兰成为欧洲乃至世界强国的过程。

茶在欧洲社会的风靡，首先是从皇室贵族开始的。出产于中国的茶叶，要经过长途跋涉才能到达欧洲，价格相当昂贵，不是一般民众所能消费得起的。在相当长一段时间里，茶被当作一种东方的珍奇物产，一直是上流社会的奢侈品。1662 年，葡萄牙公主凯瑟琳（Kathleen）远嫁英国国王查尔斯二世（Charles Ⅱ），将武夷红茶带入英国王室。嗜茶如命的凯瑟琳被世人称为"饮茶皇后"，她虽不是英国第一个饮茶的人，却是英国宫廷和贵族饮茶风气的带动者。随她陪嫁来的中国茶叶和陶瓷茶具，以及她的饮茶方式，在当时英国贵妇社交圈内形成话题并深受大家喜爱。而后，英国商人更别出心裁地将她美丽的肖像用在武夷红茶的包装上，使得饮茶成为时尚的社交方式。此外，1664 年与 1666 年东印度公司的两次献茶进一步推动了茶在英国上流社会的流行。上流社会的妇女以茶为乐，女性主义潮流渐起，她们在自己的房子里设茶室、开茶会，以至于不少道德家忧心忡忡，担心女人狂热迷恋茶而忽略了家庭的责任，会导致许多家庭的毁灭。

19 世纪 40 年代，维多利亚女王的宫廷女侍、第七代别克福特公爵夫人安娜·玛利亚也非常爱饮茶。由于上层贵族通常在晚上 9

点才进晚餐，公爵夫人便在下午命仆人奉上茶点与朋友共享，这慢慢发展成为一种风行全英国的社交活动，即今天的英式下午茶。她不但在王宫式的会客厅布置了茶室，邀请贵族共赴茶会，还特别请人制作了银茶具、瓷器柜、小型移动式茶车等，这些器具高雅素美，呈现独特的艺术风格。

英国的文人雅士们对中国红茶更是钟爱有加。英国作家约翰·奥维格顿（Joha Ovington）在 1699 年写了《试论茶的属性和品质》（*Essay upon the Nature and Qualities of Tea*），文中认为："饮茶具有神奇的功效，欧洲人习惯了饮酒，但这只能损害了人的健康，相反饮茶却能使人头脑清醒，使酒鬼恢复理智。"① 英国作家西德尼·史密斯赞美道："因为有茶喝要感谢上帝！没有茶的世界真是难以想象，没有茶的生活让人无法生活！我庆幸自己出生在有茶喝的世界。"② 在简·奥斯丁（Jane Austen）的一系列反映英国中产阶级的小说，如《傲慢与偏见》中，几乎每一个英国中产阶级的家庭都是中国茶的爱好者。以饮茶为题的画作也不少。英国画家爱德华兹（Edward Edwards）在 1792 年创作了一幅画，描绘了牛津街潘芙茶包厢中饮茶的情景，反映了当时英国社会的饮茶盛况。

就整个英国社会而言，从 17 世纪的中后期直至 18 世纪初，饮茶在英国仍局限在贵族阶层。18 世纪前半期，英国的茶叶消费量呈现逐步上升的趋势，饮茶逐渐在英国社会普及开来，直至 18 世纪后期逐渐成为一种习俗。

茶叶成为英国的"国饮"，与其在工业革命中扮演的角色有关。英国的工业革命是一个全面、系统化的过程，其中包括对英国民众传统生活习惯和饮食习惯的改变。17 世纪早期，英国人的早餐主要由咸肉、面包和酒组成，准备这种早餐需要耗费很长的时间。工业

---

① 转引自孙云等《西方茶文化溯源》，中国农业出版社，2006，第 19 页。
② Sydney Smith et al., *A Memoir of the Reverend Sydney Smith*, Volume 1（Palala Press，1855）.

革命中产生的工厂制度迫使英国人离开乡村，进入工业化的流程之中，工人必须严格遵守时间。茶叶普及之后，以加糖红茶为特色的英式早餐用不着设施齐备的厨房，准备起来只需把水烧开。欧洲的奶、中国的茶，加上加勒比海的红糖，三者的组合既是热量和咖啡因的源泉，又能大大地节省时间。这种营养配搭均衡的早餐使得每一个产业工人在清晨的工作中都能够精神奕奕，而英国独创的下午茶也能让大工业生产中工人的营养得到及时的补充。正是这种快捷有效的组合，支持了英国工业革命的顺利完成，为后来英国成为"日不落帝国"铺平了道路。从这个意义上说，推动茶叶成为世界商品的福建海商是工业革命背后不可忽视的重要助力，也只有在这样的情况下，来自东方的茶叶才能进入欧洲的文明体系之中。

五　茶在北美

　　自 1620 年起，当英国清教徒乘坐着"五月花"号来到北美的时候，他们也把饮茶习惯带到了美洲，饮茶风气陆续传遍北美各地。约百年之后的 1767 年，人口不多的北美竟然消费茶叶近 90 万磅（合 400 多吨）。新兴的北美成为中国茶叶的重要消费区域，但猖獗的茶叶走私活动大大侵害了英国东印度公司的利益。1773 年，英国政府给予英国东印度公司在北美殖民地垄断茶叶贸易的权力。这自然引起了北美人民的强烈反抗。北美人民以"波士顿倾茶事件"来表达其与英国的决裂：1773 年 12 月 16 日，一群化装成印第安人的波士顿民众爬上停泊在波士顿港的英国东印度公司商船，将 342 箱茶叶倒入大海，船上的茶叶正是武夷茶。此次斗争赢得北美各地的响应，各地纷纷成立抗茶会，以不喝茶来表达北美与英国在文化、政治、经济方面的决裂。"波士顿倾茶事件"成为美国独立战争的导火线。3 年后的 1776 年，美国独立。

　　值得一提的是，两百多年前那些参加反对英国暴政的北美人民，在当时被称为茶党。此后，茶党也就成为革命者的代名词。在两百多年后的今天，茶党又迎来了重生。2009 年 2 月，美国国家广播公司电视主持人桑特利在节目中表示反对奥巴马政府的房屋救济贷款政策，并呼吁茶党再现，很快就有人开始响应并成立了茶党，成员主要为主张采取保守经济政策的右翼人士。2010 年 5 月 19 日，兰德·保罗在茶党成员的支持下，在肯塔基州共和党参议员候选人预选中出人意料地击败了共和党领袖麦康奈尔"钦定"的特里·格雷森。茶党已经成为一支新的政治力量。抛开美国现有的政治问题不谈，茶党的革命精神在两百多年的时间里依然留存，这也是茶叶影响北美，改变世界的又一力证。

虽然美国人民以拒绝喝茶开始了独立建国活动，但在美国独立之后，中美最先进行贸易的货物仍然是茶叶。1784 年，美国商船"中国皇后"号首航中国，运回 3022 担茶叶来满足本国市场的消费需求，成为美国船只直接来华购买茶叶的开端。在西方国家中，美国茶叶消费量仅次于爱尔兰和英国，茶叶贸易量长期位列世界前五。

六　茶叶的传播者——罗伯特·福琼

17 世纪初，东方的神奇饮料——茶传入欧洲，饮茶逐渐成为风气。那时，欧洲人尚不知红茶和绿茶源于相同茶种。西方人对茶的喜好，使得茶成为中国重要的贸易商品。由于中国垄断了茶的生产供应，巨大的需求使得欧洲国家难以提供对应的商品来平衡贸易，向中国输出鸦片又遭到中国的抵制，即使爆发了鸦片战争依然也改变不了对中国茶叶的依赖。同时，中国政府严守茶的种植和加工秘密，以此来垄断茶叶贸易。为了得到茶叶，降低成本，控制茶叶贸易，各国多次派人到福建盗取茶种和茶叶种植技术。

1763 年，瑞典航海家卡尔·埃克伯格（Cark Gustaf Ekeberg）根据出发前瑞典植物学家林奈（Carl von Linné）给的建议，带回了存活的茶树。虽然茶树在瑞典并没有移植成功，不过林奈作为近代生物分类学系统学的开创人，将中国茶命名为"camellia sinensis"。前面一个词"camellia"指其类为茶，后面的"sinensis"意味着它是"中国的"，合起来就是"中国的茶"的意思。

半个世纪后，英国植物学家罗伯特·福琼（Robert Fortune）由英国皇家园艺协会派遣，来到中国收集园林植物情报并进行引种。英国东印度公司看中了福琼的访华经历，1848 年派福琼第二次来华，主要任务是在茶区收集茶苗和种子，送到英国在印度的孟买和锡兰（今斯里兰卡）等殖民地设立的茶园种植，并搜罗一流的制茶工匠和相关器具。

1849 年，福琼抵达他在中国的落脚点上海，根据商人提供的资料和自己上次访华积累的经验，福琼很快定出了自己的采购计划，把浙东和皖南绿茶产区当作自己此行的第一目的地。在完成一趟绿茶产区之行后，福琼随即把福建红茶产区定为此行的第二个目的地。但是，在抵达福建之后，由于出行仓促，所携旅资不足，他不得不先行返回上海。为了得到尽可能多的红茶生产技术知识，福琼再次前往福建武夷山红茶产区考察。经此次旅行，福琼才发现红茶和绿茶原来由一种植物制成，只是加工工艺不同。经过一段时间的茶种和博物学标本收集之后，福琼前往香港，将此行收集得到的茶苗寄往印度。光有茶种并不能够生产出优质的茶叶。1855 年，福琼在来华后，又把大量的制茶器具，还有 8 个在福建武夷山九曲溪畔星村和另外 9 个在江西鄱阳湖畔茶区招募的制红茶工匠送往印度的加尔各答。回国后，福琼对获取茶苗的过程进行了认真的植物学研究，发明和完善了长途运输植物的技术，并将其在中国的经历写成了四本书：《漫游华北三年》《在茶叶的故乡——中国的旅游》《曾住在中国人之间》《益都和北京》。

福琼促成了茶产业在印度和斯里兰卡的兴旺发达，使其一度成为世界上最大的茶叶产区。目前世界上顶级的红茶——印度大吉岭红茶，其祖先便来自福建武夷山。茶在南亚的大量种植使其价格一再下滑，原本属于贵族的奢侈品——茶叶最终走入寻常百姓家。红茶文化也成为英国最具代表性的文化之一。来自东半球中国福建的武夷山红茶与来自西半球南美种植园的砂糖的邂逅，造就了"加糖红茶"这种英国的"全民饮料"，间接推动了产业革命并促使生活形态发生转变。

福琼，这位英国的植物学家，国内有人把他称为中国茶叶的盗贼，其实站在全球化与人类进步的视角，福琼是文明传播与交换的中介者，正是他，使得福建的茶叶走出中国传向世界，改变了各地民众的生活饮食，为人类的精神世界带来了多样的精彩。

第 十 二 章

中国物产影响世界（下）——瓷

一 海洋贸易与外销瓷

　　变幻莫测的海洋，至今仍是人类无法完全掌握的伟大存在，而在完全依赖自然力进行航海的木质帆船时代，更是难以驾驭。然而，中国东南沿海的海洋族群凭借无穷的好奇心、永不满足的征服欲以及探索未知世界的冒险精神，谱写出人类史上浩浩荡荡的贸易诗篇，而这正是我们今天在建设"21世纪海上丝绸之路"、重新寻求自身话语权的重要文化遗产。

　　1903年，法国驻华使团翻译官沙畹（Emanuel Edouard Cha-vannes）在其著作《西突厥史料》（*Documents sur les Tou-kieu occi-dentaux*）中首次提出，"丝路有陆、海两道，北道出康居，南道为通印度诸港之海道"①，即认为"丝绸之路"应有海、陆两条通道。二战之后，日本获得西方的工业技术，实现了经济的高速腾飞。此时的日本面临着这么一个问题：如何建立起与经济相匹配的文化体系？日本人将目光投向了东方文明主导世界的农耕文明时期。1966年，东京大学三上次男创作了《陶瓷之路与东西文化交流》，书中暗喻，那个时代东方人的物产支配了世界，东方人的价值是社会的主流。通过回顾历史，三上次男为日本人找到了日本文化在现代的自信心。1968年，日本学者三杉隆敏在其著作《探索海上的丝绸

----

① 〔法〕沙畹：《西突厥史料》，中华书局，2004。

之路》中直接用"海上丝绸之路"代替了"陶瓷之路",这是"海上丝绸之路"这一名称在学术史上的首次出现。

唐代之后,中国对外交往的主要路线发生了改变,中国人从陆上丝绸之路走进了海洋。与此同时,中国的国号也从与陆上运输的主要货品有关的"丝国",转变成为意为瓷器的"China"。

"海上丝绸之路"和"陆上丝绸之路"作为中外物产和文化交流的通道,其物流载体和物流主体是不一样的。"陆上丝绸之路"以人力和兽力为物流载体,丝绸因为轻便,成为其物流主体;"海上丝绸之路"以木质帆船为物流载体,帆船要在大海中抗风航行,一定要有"压舱物",而农耕文明时期的中国盛产的手工制品瓷器,就顺理成章地成了"压舱物"。当时的中国人并没有把瓷器当作贵重物品,但是对于"海上丝绸之路"的沿线国家而言,中国瓷器却是稀世珍品。其中,以福建沿海窑口生产的外销瓷最有影响力。

1985 年,日本在全国近 800 处遗址中发现了中国瓷器。其中就包括福建建阳产黑釉兔毫纹碗、银兔毫纹碗、黑褐釉碗等。印度尼西亚雅加达博物馆收藏的 5000 多件陶瓷藏品中,德化窑烧造的书写有阿拉伯文字的三彩大盘、白地青花碗尤其引人注目。马来西亚是目前所知出土中国瓷器最多的地方,仅砂拉越博物馆收集的出土陶瓷标本就重达 100 多吨。新加坡南洋大学李光前文物馆收藏有高 80 毫米的宋德化桶形白瓷缸、直径为 141 毫米的明德化粉绘白瓷盒、直径为 46 毫米的明德化印花白瓷盆以及高 119 毫米的明德化狮头双耳白瓷瓶。在越南、韩国、伊拉克、阿曼、巴基斯坦等国家的博物馆,精美绝伦的福建陶瓷也随处可见。

说起外销瓷,还要从文物考察讲起。由于福建省地处中国的东南沿海、台湾海峡西岸,是"海上丝绸之路"的主要区段之一,加之这里海岸曲折漫长、岛礁星罗棋布、潮流汹涌、航道蜿蜒,而且季风变幻、台风多发,因此在这一带海域内留下了数量众多的沉船,积淀了丰厚的水下历史遗存。近 20 年来,通过在福建地区开展的水下考古工作，我国发现了一批重要的水下历史遗存，取得了丰硕的水下考古发现与研究成果，如连江定海"白礁一号"沉船遗址，它处在福建闽江口以北的航路上，其出土品与在日本的古遗址出土品和传世品相吻合，黑釉盏较为多见。再如 2008～2009 年对平潭小练岛东礁进行的二次水下考古调查，在沉船遗址采集到的遗物以陶瓶、陶罐为多，有的施釉、有的素胎；其中的长腹陶瓶与著名的"韩瓶"相同或相似；此外还有少量龙泉窑青瓷钵、碗，福建窑口的青白釉碟、碗、盘，黑釉兔毫盏等，初步推断小练岛东礁沉船遗址的年代为元代。

　　我们大致可以对福建的外销瓷做这样的总结：福建的青瓷、青白瓷和白瓷是中国外销瓷中是数量最大的，构成海上"陶瓷之路"的货物主体；由目前的考古成果可知：中国商船的航路延伸到哪里，福建外销瓷的标本就出现在哪里。

　　福建邻近海岸线的古瓷窑，绝大部分是唐宋元明清时期涌现的。唐宋元是中国中央政府鼓励发展对外贸易的时期，福建作为海洋贸易发达的区域自然有不少窑口的瓷器是外销的。近年来，福建在全省范围内发现了大量的以唐宋元明清时期为主的古窑口遗址。与内地各窑口不同的是，福建明清时期的各大窑口都发现了能够批量制作瓷器的模具，这是在其他区域的窑址中很少发现的。

　　就中国的陶瓷发展历史而言，福建既不是陶瓷业最早的发源地，也不是重要的官窑所在地。但是，福建的陶瓷业从学习、模仿北方窑口开始，发展出自己的标准化、批量化的工业化生产模式，这种生产模式为福建外销瓷在全球瓷器市场上争得了主导地位。从这个角度上看，闽商是中国古代最早的工业化实践者。

二　瓷器与东南亚

　　"压舱物"瓷器遗存广泛出现在通过海路和中国有贸易往来的港口及海域之下，甚至在远离海洋港口的中亚内陆的城市也时有发现。据此，我们不难想象，中国的瓷器在世界各地有着多么巨大的影响力。

　　在东南亚，福建海商输入的瓷器，改变了当地以蕉叶为碗的饮食习惯。瓷器本身耐酸、耐碱、耐高温，更容易清洗，同时具备不利于病菌繁殖的优越性能，对东南亚人民的饮食卫生与健康长寿做出了不小的贡献。

　　据清乾隆三十年（1765 年）《晋江县志》中的《舆地志·物产》记载："瓷器出晋江磁灶乡，取地土开窑，烧大小钵子、缸、瓮之属，甚饶足，并过洋（外销东南亚诸国）。"① 磁灶至今仍在生产瓮、罐、壶、钵等粗货，特别是用以装盛咸菜的菜瓮，并将其运销至东南亚的新加坡、菲律宾一带。沙善德曾在《福建——中国考古学之新富源》一文中提供了有关的考古证据，他说："在古代之陶瓷贸易中，自宋以还，皆以各式'龙瓮'为主要，所谓'龙瓮'者，盖瓶上绘有一龙绕于此瓮。此种'龙瓮'为爪哇、渤泥及菲律宾的猎头部落所珍存，而且代代相传，尊之为神密之法宝。……由

----

① 方鼎等修《晋江县志》，成文出版社，1977，第 43 页。

该村（即晋江磁灶）瓷堆中所获之古瓷碎片，与菲律宾及南海诸岛所出者，及宋明时代出口之古瓷，均属相符。目下虽经千年之久，然该村之陶业仍以制造'龙瓮'相传习。"① 由此可知，自宋代以来，晋江磁灶一直生产这种"龙瓮"并将其大量外销至东南亚地区。

小小的龙瓮，在东南亚地区的土著居民看来，并不是盛物用的器皿。相反，他们认为瓷器漂亮的外观可以媚神，清脆的声音可以通神，因此每逢战争的时候，他们都会把它用来祈神占卜。每逢举行仪式时，女巫们将盛满白饭或其他祭品的瓷器、瓷碟顶在头上，跳起舞蹈，并用手叩击头上的瓷器，让它们发出银铃一般动听的声音。因此，当菲律宾与西班牙陷入战争时，菲律宾人经常拿龙瓮祈福，看出龙瓮对菲律宾人有着神圣作用的西班牙人随后将其拿走，迫使战争一度中止。此外在东南亚的一些地区，把中国的瓷器用于随葬更是普遍，以至于中国的瓷器有了"坟墓里的器皿"之称。

在菲律宾国家博物馆中，展览着"圣地亚哥"号沉船的文物。"圣地亚哥"号于 1590 年由中国人设计、菲律宾人建造，后被改装为西班牙战舰，1600 年在八打雁省纳苏戈布湾海域沉没。1991 年，菲律宾政府与打捞公司合作，对该船进行了水底挖掘。这是迄今为止，菲律宾出水沉船中最大的一艘，在"圣地亚哥"号 3.4 万多件出水文物中，有 5600 多件瓷器。目前，在菲律宾国家博物馆展出的出水瓷器多为 16 世纪末 17 世纪初明朝的青花瓷，这些大多属于漳州窑瓷器、德化窑以及磁灶窑产品。据著名陶瓷专家、菲律宾陶瓷协会会员庄女士介绍："在菲律宾出土出水文物中的中国瓷器不计其数，面积分布广泛，涵盖全菲。"②

---

① 转引自肖月萍等《泉州古陶瓷与东南亚宗教信仰文化》，《东方收藏》2014 年第 6 期。
② 参见《寻找散落菲岛的中国瓷器》，《光明日报》2006 年 3 月 31 日。

三 瓷器与中东

　　中亚民族大多是游牧民族，信奉伊斯兰教，他们的餐桌上经常摆有瓷器，而且赋予瓷器很神奇的力量，认为瓷器可以鉴别所盛的食物里是否有毒，其实这曲折地反映出当时中国人民制造出来的瓷器和中亚当时只能制造出陶器的技术差异。而今天我们在博物馆里还能感受到当初中亚人民对瓷器的顶礼膜拜——当瓷器碎掉后，中亚人民用黄金做成托盘，把瓷器碎片黏起来继续使用，可见中国瓷器对他国的影响程度之深。

　　在土耳其伊斯坦布尔，有一座著名的博物馆，它象征着帝国曾经的荣耀与威势，它就是托普卡匹宫（Topkapi Saray）博物馆。托普卡匹宫曾是土耳其的政治中心和生活中心，其享誉世界的另一大原因，就是宫内收集有世界各国的宝石器、金银器和陶瓷器。于1991年被改为博物馆之后，托普卡匹宫成为今天世界上最大规模的历史艺术类博物馆。

　　在托普卡匹宫左院的瓷器陈列室中，展示着大量中国和日本的精致陶瓷，该馆拥有的帝国时期收集的文物总数多达86000件，其中收藏有中国瓷器上万件，是世界收藏元清瓷器最高级别的博物馆，其中最大的中国瓷盘直径长达1公尺。此外，该馆还收藏有漳州窑瓷器，有学者推测这些瓷器是在奥斯曼土耳其帝国征服埃及之后，经由埃及运到伊斯坦布尔的。

埃及开罗市南郊的福斯塔特（Fustat），曾是东部非洲最为著名的古代贸易港。在这里，同样出土了大量的中国古代贸易陶瓷，在一部分已经整理、发表的陶瓷资料中也有漳州窑的青花、五彩以及单色釉器物。在非洲的部分地区，拥有瓷器多少，更成为一个族群、一个国家以及一个人财富的象征。如果两个族群发生械斗，其中一方为了避免战争的发生，便会交出十个中国瓷器以求和解。跳宗教舞蹈时以头顶中国瓷器为荣，青花瓷往往被用来装饰城门、墓壁或墓柱。由于当地人民赋予中国瓷器如此之高的地位，瓷器被很多地方的人民作为嫁妆、陪葬品以及用来缴纳罚款和借款抵押物。

四 瓷器与日本

日本是一个崇尚茶道的国家，与茶配套的陶瓷器具同样风行于日本。在当时的日本社会，中国器物被视为社会身份的象征。闽商销往海外的外销瓷，绝大部分不是精雕细琢的精品瓷。但就是这样服务于日常生活的福建陶瓷，往往也成为日本皇室、达官贵人的"座上宾"。

日本战国时期的武野绍鸥是一位杰出的大茶人，他继承和发扬了珠光茶道，同时将日本和歌道所蕴含的日本民族特有的素淡、纯净的艺术思想引入茶道，为日本茶道民族化奠定了重要基础。武野绍鸥也是中国器物疯狂的爱好者。出身商人世家的武野绍鸥不惜重金搜罗了很多唐物（中国器物）。据《御茶道具目录》记载，武野绍鸥一人就持有茶具精品 60 多件，是当时日本持有茶具精品最多的人，其中最有名的便是被称为"绍鸥茄子"的福州产黑釉小罐。[①] 日本历史上有名的枭雄织田信长垂涎于包括绍鸥茄子在内的唐物精品，曾要求武野绍鸥或赠送或出售给他，但遭到了武野绍鸥的拒绝。1555 年，织田信长用权力逼迫武野绍鸥至死，企图没收他的全部奇珍异宝。武野绍鸥在临死前，为了不让绍鸥茄子落入织田信长手中，特意将其交由女婿保存。可惜的是，他的女婿迫于威胁，将绍鸥茄子献给了织田信长。现在，绍鸥茄子作为国家重要文

---

① 转引自滕军《中日茶文化交流史》，人民出版社，2004，第 172 页。

化财产，被保存在日本的汤木美术馆中。

在福建常见的作为生活用品的黑釉罐，在日本却摇身一变，上升为唐物珍品。日本茶道重茶具的欣赏，日本人往往通过茶道活动来增加对唐物知识的了解。这种对中国器物的中心定位和引申运用是其后日本茶道审美意识的重要组成部分。从这个意义上来说，绍鸥茄子不仅仅是一件简单的福建陶瓷，更是凝聚着日本审美品位和社会秩序的无价之宝。

由于对中国瓷器的喜爱，日本开始仿制中国瓷器。日本制瓷业的发展也与福建有着密不可分的关系。日本的瓷窑是仿效德化的"阶级窑"设计的，而日本最著名的瓷器品种"濑户烧"则是日本瓷器大师远渡来闽学习后制成的。

藤四郎景正是日本镰仓幕府时代的陶瓷工，后来落发为僧。当时日本上层贵族、幕府将军源赖朝父子酷爱宋瓷，尤其是来自福建的建盏。天目（日本对建窑黑瓷的称呼）釉茶具在日本享誉极高，但其制作技术要求极高，屡试烧制但不成功。南宋嘉定六年（1213年），藤四郎景正决心入宋，赴福建学习建窑茶具的烧制方法。五年后藤四郎景正学成回国，在尾张濑户村试烧成功，遂以"濑户烧"闻名于日本，成为日本制瓷器之首创者，为日本制瓷业开创了新纪元，而濑户则成为日本的陶瓷圣地之一。在濑户窑的产品中，自然少不了模仿宋"天目"式样的器具，后来它们就被称为"濑户天目"。

五 瓷器与欧洲

欧洲人对瓷器的喜爱源于马可·波罗的游记。马可·波罗游历泉州后，在《马可·波罗游记》中盛赞德化瓷："刺桐城附近有一别城，名称迪云州（即德化），制造碗及瓷器，既多且美。""此城之中，瓷市甚多……作各种大小瓷碟子，品质皆是可想象的那样最美丽……由那里分散到世界各处。"① 因为将德化瓷介绍到欧洲的是马可·波罗，故欧洲人又称德化瓷为"马可·波罗瓷"。

受马可·波罗的影响，欧洲人将德化白瓷作为首要的贸易目标。通过闽商与东来的西方商人的密切互动，德化"象牙白"不断销往欧洲市场，被欧洲人称为"中国白"，被誉为"中国瓷器之上品"。②

欧洲本身的自然资源较为匮乏，特别缺少生产瓷器所必需的高岭土，也无法像中国一样用木炭烧制窑口使其达到烧制瓷器的高温条件。在西欧人看来，中国美丽的瓷器更像是一种矿物石。为了了解中国瓷器的制作技术，欧洲人派了间谍来偷取瓷器烧制的技术，同时也在国内开始不断攻关，试图破解这一技术难题。当时，欧洲不少皇家瓷器工厂纷纷模仿生产中国瓷器，而德国的梅森公司是其中最著名的一家。

---

① 〔意〕马可·波罗：《马可·波罗游记》，中华书局，1954，第 601~610 页。
② 〔法〕波西尔：《中国美术》卷下，商务印书馆，1934。

梅森瓷器的发明者为约翰·弗里得里希·伯蒂格尔（Johann Friedrich Böttger），原本是一名炼金术士。1704 年，他结识了正在破译瓷器秘密的学者埃伦弗里德·瓦尔特·冯·切恩豪斯（Ehrenfried Walther von Tschirnhaus）。切恩豪斯看中了伯蒂格尔在化学方面的才能，劝他放弃炼金术，两人一起进行瓷器配方的研究。在 1708 年切恩豪斯突然过世之后，伯蒂格尔继续优选制瓷土、改进窑炉，终于在 1709 年 3 月烧制出优质白瓷器。1710 年 6 月，欧洲第一家陶瓷厂梅森瓷窑正式投产。从此，梅森瓷窑所生产的瓷器名声大振，逐步传遍世界。

在成功仿制出中国瓷器之后，以梅森公司为代表的欧洲各大瓷器工厂并未就此止步，而是继续尝试研发全新的釉料及样式，分别创造出镀金装饰、转印丝网印刷等独有的技术。制瓷业在欧洲的发展还逐渐带动了欧洲当地的工业化进程，装配流水作业法正是首先出现于制瓷业的。技术进步和工业化大生产使得欧洲本地陶瓷迅速将中国瓷器挤出欧洲市场，1792 年，英国东印度公司停止了关于中国瓷器的一切贸易。随着不断的研发创新，现在的欧洲制瓷业在日用品和工艺品瓷器生产上遥遥领先，其所产的各种特殊陶瓷制品也已经被广泛运用于航天工业和医疗产业之中。此消彼长，曾经领先全球的中国瓷器制造工艺已经远远落在了后头。欧洲对瓷器不只是停留在喜爱或单纯的模仿上，而是更进一步，追求技术上的突破与创新。

六 瓷器与"中国风"

新航路的开辟、中外物产的交流在改变人类的物质生活的同时，也改变着人们的精神活动，甚至能够引发意想不到的社会风潮。自17世纪中叶起，中国的丝绸、瓷器、漆器、屏风、家具、壁纸、扇子等工艺品涌入欧洲各国，为上层人士所喜爱。中国商人在海外贸易中主营的瓷器等商品引发了欧洲17~18世纪的"中国风"。

"中国风"指17~18世纪流行于西方社会文化生活中的一种泛中国崇拜的思潮。2004年版《不列颠百科全书》对"中国风"的定义为："17~18世纪流行于室内、家具、陶瓷、纺织品和园林设计领域的一种西方风格，是欧洲对中国风格的想象性诠释。……中国风格大多与巴洛克或洛可可风格融合在一起，其特征是大面积的贴金与漆，大量应用蓝白两色，不对称的形式，不用传统的焦点透视，采用东方的纹样与主题……"。①

对于工业革命前的欧洲而言，中国无疑是先进生产力的代表。其先进的生产力不仅体现为闽商在前工业时代就以标准化的方式，大规模地生产、经销国际市场所需求的商品，而且将中国人民对现实生活的热爱、将中国文化对普通生活的关注融入商品之中。福建的陶瓷、茶叶、丝绸、漆器等共同营造了一个精致、世俗、甜美的

---

① 转引自袁宣萍《十七至十八世纪欧洲的中国风设计》，文物出版社，2006，第5页。

想象中国，这对于刚刚从宗教禁欲主义的束缚之下解脱出来的欧洲人来说非常重要。尤其是瓷器的到来，使法国宫廷中迅速刮起了"中国风"的热潮。

路易十四时代无疑是中国风立足法国的关键时期，对后世影响深远。法国宫廷对亚洲艺术品由最初使用开始，继而改造，最终启发创作。虽说路易十四对收藏瓷器并不积极，但他赠予情妇蒙特斯庞夫人的特里亚农瓷宫，是当时最富想象力的瓷器作品。

中国艺术品特别是瓷器，崇尚自然变化的装饰之美，而这很快在兴起"洛可可"（Rococo）艺术的法国引起共鸣。洛可可风格不主张刻板、规整划一的艺术模式，中国花鸟纹样的自由舒展更投其所好，并被用来取代那种整齐对称的几何图案。中国瓷器上"植物性的涡卷形图案以及动物如龙虎图案的曲线式装饰直接影响到西欧的洛可可风格"。[①]中国艺术的影响更多地表现在题材上。18 世纪法国著名画家布歇（François Boucher）在他的作品中表现了中国市集、宫廷宴会上的音乐、舞蹈和杂耍等；他还设计了一系列以中国为主题的挂毯，显示了艺术家对中国趣味的浪漫联想和生活情境的倾心。

从 17 世纪的巴洛克时期，发展到 18 世纪的洛可可风格，再到 18 世纪晚期的新古典主义风格，"中国风"就像一条粗壮的支流，源源不断地为欧洲艺术带去新的生命与活力。这股热潮还延伸到文学、绘画、戏剧、建筑等领域，向中国学习成为 18 世纪欧洲启蒙思想家和德国狂飙突进作家最重要的思想来源之一。德国作家席勒（Johann Christoph Friedrich von Schiller）在给歌德的信中谈到，对于德国的作家来说，"埋头于风行一时的中国小说，可以说是一种恰当的消遣了"。[②] 1802 年，席勒根据意大利戈齐的剧作创作出了诗剧《图兰朵——中国的公主》用以寄托其对中国的向往。法国的伏

---

① 陈伟等：《西方人眼中的东方陶瓷艺术》，上海教育出版社，2004。
② 转引自冯天瑜《中国文化生成史》，武汉大学出版社，2013，第 688 页。

尔泰（Voltaire）则热衷于借用中国戏剧来高扬启蒙理性的精神。伏尔泰将元杂剧《赵氏孤儿》改编成歌剧《中国孤儿》，并使之在法国上演，而该歌剧轰动欧洲。在伏尔泰看来，瓷器、丝绸和漆器所代表的中国可以作为批判蒙昧的欧洲的最佳利器。

　　17～18世纪的欧洲处于文明精致化的过程之中，对物质的渴望成为追求现世幸福的重要组成部分，形成对欧洲基督教禁欲观念的直接挑战。洛可可艺术思潮以及中国风的风靡，折射出的是欧洲对异域的向往和对世俗生活的热爱，对启蒙运动中人性价值的探寻起了奠基的作用。基于这点，有的学者认为正是中国东南沿海的文明因素成就了欧洲的启蒙运动。

索　引

后　记

　　我们现在所见很多研究、讨论都以陆地为视角，换一个角度会怎样？2014 年底，地处东南"边陲"的福建突然间有向"中心"漂移的趋势。新华网很敏锐，它提供了一个平台就此设计了系列微讲堂。于是，不要系统性也未必前沿，一年十二个月，选取十二个话题，换个视角看中国。

　　2015 年，我们在很简陋的摄影棚里，一个月一个话题，开始了从"海上看中国"的"历程"。刚开始，我只想讲福建、解释福建的前世今生；讲着讲着，就与海水的属性一样没有了行政区域的划分而自然流动起来。于是，从福建而东南沿海，乃至亚洲海洋，最后，自然是在世界的平台上寻找中国的海洋话语权。

　　此为记。

2016 年冬至日于福州

图书在版编目（CIP）数据

海上看中国 / 苏文菁著. -- 北京：社会科学文献
出版社，2016.12（2024.3 重印）
（海上丝绸之路与中国海洋强国战略丛书）
ISBN 978 - 7 - 5201 - 0129 - 5

Ⅰ.①海…　Ⅱ.①苏…　Ⅲ.①海洋战略 - 研究 - 中国
- 古代　Ⅳ.①P74

中国版本图书馆 CIP 数据核字（2016）第 313598 号

海上丝绸之路与中国海洋强国战略丛书

海上看中国

著　　者 / 苏文菁

出 版 人 / 冀祥德
项目统筹 / 陈凤玲
责任编辑 / 陈凤玲

出　　版 / 社会科学文献出版社·经济与管理分社（010）59367226
　　　　　地址：北京市北三环中路甲 29 号院华龙大厦　邮编：100029
　　　　　网址：www.ssap.com.cn
发　　行 / 社会科学文献出版社（010）59367028
印　　装 / 唐山玺诚印务有限公司

规　　格 / 开　本：787mm×1092mm　1/16
　　　　　印　张：17.25　字　数：216 千字
版　　次 / 2016 年 12 月第 1 版　2024 年 3 月第 5 次印刷
书　　号 / ISBN 978 - 7 - 5201 - 0129 - 5
定　　价 / 79.00 元

读者服务电话：4008918866